中华精神家园

古建涵蕴

大宅揽胜

宏大气派的大户宅第

肖东发 主编　李姗姗 编著

中国出版集团

现代出版社

图书在版编目（CIP）数据

大宅揽胜：宏大气派的大户宅第 / 李姗姗编著. —
北京：现代出版社，2014.5（2021.7重印）
　　ISBN 978-7-5143-2316-0

　　Ⅰ．①大… Ⅱ．①李… Ⅲ．①民居－介绍－中国
Ⅳ．①K928.79

　　中国版本图书馆CIP数据核字(2014)第085403号

大宅揽胜：宏大气派的大户宅第

主　　编：肖东发
作　　者：李姗姗
责任编辑：王敬一
出版发行：现代出版社
通信地址：北京市定安门外安华里504号
邮政编码：100011
电　　话：010-64267325 64245264（传真）
网　　址：www.1980xd.com
电子邮箱：xiandai@cnpitc.com.cn
印　　刷：三河市嵩川印刷有限公司
开　　本：710mm×1000mm　1/16
印　　张：11
版　　次：2015年4月第1版　　2021年7月第3次印刷
书　　号：ISBN 978-7-5143-2316-0
定　　价：40.00元

党的十八大报告指出："文化是民族的血脉，是人民的精神家园。全面建成小康社会，实现中华民族伟大复兴，必须推动社会主义文化大发展大繁荣，兴起社会主义文化建设新高潮，提高国家文化软实力，发挥文化引领风尚、教育人民、服务社会、推动发展的作用。"

我国经过改革开放的历程，推进了民族振兴、国家富强、人民幸福的中国梦，推进了伟大复兴的历史进程。文化是立国之根，实现中国梦也是我国文化实现伟大复兴的过程，并最终体现为文化的发展繁荣。习近平指出，博大精深的中国优秀传统文化是我们在世界文化激荡中站稳脚跟的根基。中华文化源远流长，积淀着中华民族最深层的精神追求，代表着中华民族独特的精神标识，为中华民族生生不息、发展壮大提供了丰厚滋养。我们要认识中华文化的独特创造、价值理念、鲜明特色，增强文化自信和价值自信。

如今，我们正处在改革开放攻坚和经济发展的转型时期，面对世界各国形形色色的文化现象，面对各种眼花缭乱的现代传媒，我们要坚持文化自信，古为今用、洋为中用、推陈出新，有鉴别地加以对待，有扬弃地予以继承，传承和升华中华优秀传统文化，发展中国特色社会主义文化，增强国家文化软实力。

浩浩历史长河，熊熊文明薪火，中华文化源远流长，滚滚黄河、滔滔长江，是最直接的源头，这两大文化浪涛经过千百年冲刷洗礼和不断交流、融合以及沉淀，最终形成了求同存异、兼收并蓄的辉煌灿烂的中华文明，也是世界上唯一绵延不绝而从没中断的古老文化，并始终充满了生机与活力。

中华文化曾是东方文化摇篮，也是推动世界文明不断前行的动力之一。早在500年前，中华文化的四大发明催生了欧洲文艺复兴运动和地理大发现。中国四大发明先后传到西方，对于促进西方工业社会的形成和发展，曾起到了重要作用。

中华文化的力量，已经深深熔铸到我们的生命力、创造力和凝聚力中，是我们民族的基因。中华民族的精神，也已深深植根于绵延数千年的优秀文化传统之中，是我们的精神家园。

总之，中华文化博大精深，是中国各族人民五千年来创造、传承下来的物质文明和精神文明的总和，其内容包罗万象，浩若星汉，具有很强的文化纵深，蕴含丰富宝藏。我们要实现中华文化伟大复兴，首先要站在传统文化前沿，薪火相传，一脉相承，弘扬和发展五千年来优秀的、光明的、先进的、科学的、文明的和自豪的文化现象，融合古今中外一切文化精华，构建具有中国特色的现代民族文化，向世界和未来展示中华民族的文化力量、文化价值、文化形态与文化风采。

为此，在有关专家指导下，我们收集整理了大量古今资料和最新研究成果，特别编撰了本套大型书系。主要包括独具特色的语言文字、浩如烟海的文化典籍、名扬世界的科技工艺、异彩纷呈的文学艺术、充满智慧的中国哲学、完备而深刻的伦理道德、古风古韵的建筑遗存、深具内涵的自然名胜、悠久传承的历史文明，还有各具特色又相互交融的地域文化和民族文化等，充分显示了中华民族的厚重文化底蕴和强大民族凝聚力，具有极强的系统性、广博性和规模性。

本套书系的特点是全景展现，纵横捭阖，内容采取讲故事的方式进行叙述，语言通俗，明白晓畅，图文并茂，形象直观，古风古韵，格调高雅，具有很强的可读性、欣赏性、知识性和延伸性，能够让广大读者全面接触和感受中国文化的丰富内涵，增强中华儿女民族自尊心和文化自豪感，并能很好继承和弘扬中国文化，创造未来中国特色的先进民族文化。

2014年4月18日

民居第一宅——王家大院

北方第一宅——乔家大院

城堡式官宅——皇城相府

陕北大庄园——姜氏庄园

中原大家宅——康百万庄园

民间小故宫——牟氏庄园

华北第一宅——石家大院

王家大院

王家大院位于山西省灵石县城东的静升镇。此院是我国清代民居建筑的集大成者，是由历史上灵石县四大家族之一的太原王氏后裔的静升王家，于清康熙、雍正、乾隆、嘉庆年间先后建成。

王家大院的建筑，有着"贵精而不贵丽，贵新奇大雅，不贵纤巧烂漫"的特征。且凝结着自然质朴、清新典雅、明丽简洁的乡土气息。

在古建范畴，它的艺术内涵可谓贯穿种种，无所不包。它们不仅是一组民居建筑群，而且是一座很有特色的建筑艺术博物馆。

王氏家族始建王家大宅

元朝年间，在山西省灵石县的静升地区，有一个务农兼卖豆腐为生的小商贩，他的名字叫王实。

由于他为人敦厚，加之技高一筹，因此生意十分好。生意好了，

■ 王家大院内景

■ 王家大院拱门

他挣的钱也就越来越多，从此以后，他的手艺便一代传一代。

到了明清时期，由于一次偶然的机遇，王家曾经捐献24匹良马支持清政府，因而受到了康熙帝的褒扬，从此借助清政府的支持，王家的生意规模逐渐扩大，资本也日趋雄厚。

在王家兴盛期间，王家族人通过正途科考、异途捐保和祖德荫袭三条途径，仅五品至二品官就有12人，其中包括授、封、赠在内的各种大夫达42人。

因此，王家由原来最初的平民百姓发展成为了居官、经商、事农综合型的豪门望族了。据有关记载，王氏家族在明朝天启年间，经营的农业、工业和商业等均已步入了鼎盛时期。

在此前提下，由于王家受明清两朝提倡的大家庭礼制思潮影响，从明朝至清朝，王家一代又一代在外地经商或做官的族人，和其他官商大吏一样，为了实现不忘水源木本、光宗耀祖和炫耀门庭的宿愿，他们在拥有钱财权势之后，便不惜巨资在家乡富家滩镇沟峪滩村大兴土木，营造住宅、祠堂、坟茔和开设店铺与作坊等。

四合庭院式建筑群 简称四合院。也就是指一个院子四面都建有房屋，四周房屋，中心为院，这就是合院。一户一宅，有的一宅有几个院。合院以中轴线贯穿，北房为正房，东西两方向的房屋为厢房，人口多时，可建前后两组合院南北相连。

■ 山西王家大院中的小巷

除此以外，王家还在当地办有义学，立有义仓，而且修桥筑路、蓄水开渠、赈灾济贫、捐修文庙学宫等，后又修建了著名的王家大院。

王家大院始建于明末清初，鼎盛于清朝晚期，建筑布局非常严谨，风格典雅别致，是典型的明清四合庭院式建筑群。

王家大院最早的建造工作是从村西张家槐树附近开始的。建筑工程开始之后，由西向东，从低到高，逐渐扩展，因而修建了明朝天启年间最庞大的建筑群"三巷四堡五祠堂"，其总面积达15万平方米以上。

其后，大院在清朝康熙、雍正、乾隆、嘉庆年间均有扩建，最后形成了拥有"五巷""五堡""五祠堂"的庞大建筑群。

这里的"五巷"分别是：钟灵巷、里仁巷、拥翠巷、锁瑞巷和拱秀巷。

■ 王家大院院落

"五堡"分别是：恒贞堡、拱极堡、和义堡、崇宁堡和视履堡。其中，恒贞堡又名红门堡，始建于1739年至1793年。拱极堡又名下南堡，于1753年建成。和义堡又名东南堡，与拱极堡同年建成。崇宁堡又名西堡子，建于1724年至1728年。视履堡又名高家崖，建于1796年至1811年。

至于"五祠堂"，现在仅有建成于嘉庆元年的孝义祠保存完好。另有主祠堂内建于1804年的戏楼幸存。

这"五巷五堡五祠堂"的庞大建筑群总面积达25万平方米以上。因此，在我国民间流传着一句"王家归来不看院"的俗语。也就是说，看过"王家大院"以后，别的院落就再不值得一看了。

之所以说王家大院在民居建筑中具有较高的地位，是因为"王家大院"在纵轴线上配置了主要建筑，然后再在主要建筑的两侧或对面布置了若干座次要建筑，这些建筑组合成了封闭性的空间，形成了标

戏楼 又叫戏台，是供演戏使用的建筑。其是我国传统戏曲的演出场地，种类繁多，在不同的历史时期，有不同的样式、特点、建造规模。最原始的演出场所是广场、厅堂，进而有庙宇乐楼、瓦市勾栏、宅第舞台、酒楼茶楼、戏园及近代剧场和众多的流动戏台。

王家大院院落群

准的四合院，其模式符合民居广泛采用的四合院式的布局方法。

王家大院主体建筑采用了钢筋混凝土建造，但是内部却使用了大量的红木、柚木、楠木等高档木材进行合理装饰。

王家大院在钢筋混凝土主体结构的修建中体现出了"穿斗、抬梁"的木构架体系，达到了建筑功能、结构和艺术三者的高度统一。因此，王家大院为我国民居建筑之最。

阅读链接

在王家大院所处的静升村，曾有"五里长街"和"九沟八堡十八巷"的说法，而王家至少占据了这里的"五沟五巷五座堡"，共占地面积达25万平方米，甚至超过了占地15万平方米的北京皇家故宫。

当年，王家在修建红门堡、高家崖、西堡子、东南堡和下南堡五座堡群时，分别以"龙、凤、虎、龟、麟"五种灵瑞之象建造，以图迎合天机。

"龙、凤、虎、龟、麟，"即红门居中为"龙"，高家崖堡居东为"凤"，西堡子居西为"虎"。三者横卧高坡，一线排开，态势威壮，盛气十足。东南堡为"龟"，下南堡为"麟"，二者辟邪示祥，富有稳家固业传世之寓意。

院内保存完整的三大建筑

建筑规模宏大的王家大院，现在保存完整的建筑群有西大院、东大院、孝义祠三部分，共有大小院落231座，房屋2078间，建筑总面积达45000平方米，是王家大院保存最为完好的建筑之精华。

王家大院屋脊

大院中的石牌坊

牌匾 是我国独有的一种商业语言、文化符号。是融汉语言、汉字书法、我国传统建筑、雕刻为一体，集思想性、艺术性于一身的综合艺术作品。牌匾不仅是指示标志，而且是文化的标志，甚至是文化身份的标志。

西大院俗称红门堡，是一处十分规则的城堡式封闭型住宅群。俯视西大院，其平面呈十分规则的矩形，东西宽105米，南北长180米，整个大院只有一个堡门，一条主街。

其中，堡门开在南堡墙稍偏东的位置，正对着城堡的主街。西大院雄伟的堡门为两进两层，一方刻有"恒祯堡"的青石牌匾镶嵌在堡门正中央，因为堡门为红色，所以人们都叫西大院为"红门堡"。

堡墙外高8米，内高4米，厚2米多，用青砖砌筑。堡墙上有垛口。堡门外正对堡门的地方，有一座砖雕影壁。堡门左右及堡墙东北、西北角各有一条踏道可上堡墙。堡内南北向有一条用大块河卵石铺成的主街，人称"龙鳞街"，街长133米，宽3.6米。

主街将西大院划为东西两大区，东西方向有三条横巷，横巷把西大院分为南北四排。从下往上数，各排院落依次叫底甲、二甲、三甲、顶甲。一条纵街和三条横巷相交，正好组成一个很大的"王"字。

　　堡墙东北角和西北角各有更楼一座。堡内东南角、西北角各有水井一口。堡内共有院落27座，除顶甲为6座外，其余三甲均为7座，各院的布局大同小异，多数为一正两厢二进院，正面以窑洞加穿廊为主，顶层有建窑洞或建阁房的。

　　在西大院，大部分院落以南北中心线为对称轴，东西基本对称。也有一部分院落为偏正套院，院门偏在东南方向，院门内是一条较长的信道，信道西侧南端是通往前院的门，北端是通往后院的门。

　　王家大院，数经增建。西大院建成57年后，又修建了东大院，也就是高家崖。它始建于1796年至1811年，是一个不规则形城堡式串联住宅群。

　　这是王家十七世孙王汝聪和王汝成兄弟俩建成的本族最后一座古堡。据说，在明清以前，此堡所占土地为静升村中高家所有，且地名亦随高家姓氏谓之高家崖，因此，后来虽被王家造堡征占，但旧地名依然

窑洞 是我国西北黄土高原上居民的古老居住形式，这一"穴居式"民居的历史可以追溯到4000多年前。在陕甘宁地区，黄土层非常厚，有的厚达几十千米，我国人民创造性地利用高原有利的地形，凿洞而居，创造了被称为绿色建筑的窑洞建筑。

009

民居第一宅

王家大院

■ 古堡砖墙

■ 王家大院门楼

在民间被沿用下来。

东大院的造型，传说是一只正欲飞舞的"凤"。仔细辨识，虽轮廓有些牵强，但也看得出几分相似。堡内共有大小院落35座，房屋342间，面积近2万平方米，是王氏家族现存宅院的精华，尤其是在建筑装饰艺术上，被誉为"纤细繁密"之典范。

整个东大院建筑规模宏大，结构严谨，大院因地布局，顺势而建，主要由3个大小不同的矩形院落组成：中部是两座主院和北围院；西南部是大偏院；东北部是俗称"柏树院"的小偏院。

东大院的四面各开一个堡门。东堡门位于主院前大通道的东端，是主门，门楼三层，巨幅石雕匾额上写着"寅宾"两字，功力深厚意为东方之神敬导日出。门前大狮子头大面宽，雄狮身佩绶带，象征好事不断，雌狮抚护幼狮，祝愿子孙昌盛。

南堡门开在主院前大通道的中间，装饰虽没有东门豪华气派，但简朴中含风韵，粗犷中有韵味。

北门开在小偏院的东北角，门楼高大坚固，供护堡人员出入。

西堡门开在大偏院的西南角，可以沟通西大院。这样，四通八达，出入畅通，极为方便。

南堡门外是一条长50米、宽3米的石板坡路，直通村中的五里后街。主院前的大通道长127米，宽11米，全部用青石铺成。大通道的南面是高高的砖砌花墙，墙内建有60多米长的风雨长廊。

东大院主体建筑是中部的两座三进四合院，一座是王汝聪的住宅区，另一座是王汝成的住宅区。

王汝聪的住宅区也称敦厚宅，大门位于东南角，是一座高拔挺立的鸡头门楼。门面为单间，门楼的装饰，以木雕和砖雕为主，木构件上雕有琴棋书画和一

门楼 指大门上边牌楼式的顶。是我国古代人家贫富的象征，所谓的"门第等次"即为此意。豪宅的门楼建筑特别考究。门楼顶部结构和筑法类似房屋，门框和门扇装在中间，门扇外面置铁或铜制的门环。门楼顶部有挑檐式建筑，门楣上有双面砖雕。

■ 坚固的砖墙

浮雕 是雕塑与绘画结合的产物，用压缩的办法来处理对象，靠透视等因素来表现三维空间，并只供一面或两面观看。浮雕一般是附属在另一平面上的，因此在建筑上使用更多，用具、器物上也经常可以看到。

■ 错落有致的大院布局

些瓶、鼎器、皿及花草之类，两侧墀头、盘头上的砖雕图案分别为凤戏牡丹和神话人物。

门前台阶之上的两边是一对威武蹲踞的石狮子，为镇宅之物。

同大门相映成趣的是一块镶在墙壁上的大型石刻影壁。壁心是狮子滚绣球，背面是牡丹、荷花、菊、梅四季花卉，配以公鸡、鸳鸯、鹌鹑、喜鹊，寓意为"功名富贵，鸳鸯贵子，安居乐业，喜上眉梢"。

从石雕影壁西折，便是敦厚宅的前院，这里是主人的社交活动空间，按传统风水"坎宅巽门"修建，南房和东西厢房是佣仆居住的，北房则是高级过厅。

在北房过厅前走廊内有一幅浮雕，造型精细。第一层是平面阳刻团花底纹，第二层是主体物，有佛手、荷叶、折扇贝叶等吉祥物，第三层是琴棋书画等。

■ 王家大院建筑

在这个三面檐廊的四合院里，当属上屋会客厅装饰讲究。屋宇三间七架结构，明间大于次间，每间都装有隔扇门窗，外有帘架，架心依次雕有"指日高升""岁寒三友""玉堂安居"木雕图案。

厅前檐廊由雀替与额枋组成的三层高浮雕挂落，融吉祥花草、祥云蟒龙、琴棋书画、钟鼎彝尊等艺术图案为一体。

敦厚宅的后院为王汝聪的生活区，具有私密性、隐蔽性。

从前院进入后院有两个途径，一是出正厅后门，经过一个狭窄的条带小院进入；一是从前院东侧的小偏门出去，绕小巷北边的另一道门而入。

这后一道门是"条带小院"，它把前院和后院既隔离又连接在一起，是一个过渡性的空间。在此小院

明间 建筑名词。即外间。一般比里间大而敞亮。建筑正中一间称明间，宋代称当心间。其左、右侧的称次间，再外的称梢间、最外的称尽间，九间以上的建筑增加次间数。敦厚宅内会客厅的明间上个门窗雕刻，最具特殊。

■ 王家大院围墙

门枕石 俗称门墩、门座、镇门石等，是门槛内外两侧安装及稳固门扉转轴的一个功能构件，因为其雕成枕头形或箱子形，所以叫门枕石。古时候的门没有铰链、合页等，是靠门枕和连楹来固定门扇的，如果没有门枕来抵住门框，开关门扇时就会摇晃不定。

的南面是一座两厅一院的三元书院。

三元书院又叫丽正书塾，是供少爷们读书的地方，厅舍不大，朴实简陋，没有任何华丽的装饰，是一处很适合读书的僻静所在。房子分南北两厅，门枕石是老鼠拉葡萄，象征子孙兴旺，蔓延不断。

书房院后是一座七门三院的厨院，也就是王家人用餐的地方。这里有"内三外四"七道门。

那么，为什么会有七道门呢？这是说院内不同身份的人要走不同的门，而且在不同的餐厅吃饭，主人在后院楼上的高雅餐厅里，高等用人在中院，扛粗活儿的长工则是在三等院里。

敦厚宅后院的正面是五间窑洞，这是长辈们居住的地方，东西厢楼一层是儿孙居住的地方，二层是专为小姐设计的闺房。在正窑和厢窑间隔的东西两侧，是上绣楼的台阶。

主窑二层正窑是子乔阁，阁中供奉着太原王氏鼻祖王子乔的塑像。这种布局方式在清代封建社会宗法礼教的制度下，便于安排家庭成员的住所，使尊卑贵贱有等，上下长幼有序，内外男女有别。

敦厚宅后院的装饰和前院也基本相同，可以说是一座艺术殿堂。窑腿子上的石雕，是博古图案，分别有瓶、鼎、爵、尊，配以戟磬如意等民间杂宝，表示爵位高升，吉庆如意。

东西厢房石雕稍小，上面刻有琴棋书画、四季花卉，这里的木石砖雕，造型雍容大方，庄重严整、古色古香。

柱顶石上绘有佛家八宝、道家八宝、民间八宝和麒麟送子、狮子滚绣球，其中仙鹤表示长寿、四艺隐含儒雅，八仙表示神仙降临、万事亨通。整个院落可以说是片瓦有致、寸石生情。

东大院内的王汝成住宅区，也称凝瑞居或府门院，此院落与敦厚宅的建筑格局及功能大致相同，只是在部分建筑的形式上有所区别。最明显的差异是两座住宅大门的设置截然不同。因为王汝成的官做得比

绣楼 是我国古代少女专门做女红的地方，绣花或者织荷包，是一个劳动的场所，休闲的场所，还是一个学习技能的场所或者艺术创作的场所，那是属于女人一生的生活。

015

民居第一宅

王家大院

■ 王家大院石桥

■ 王家大院的猴子摘桃雕塑

哥哥大，王汝聪官居五品，门楼看似高大，却为单间；王汝成官高一品，较之老大家，门楼虽低矮一些，但面阔三间，很有气派。

再者，王汝聪的宅居显得华丽张扬；王汝成的宅院虽含蓄低调，但文化积淀丰富，甚有品位。

凝瑞居主体建筑坐北向南，冬可敞南户，夏可开北窗。此院是严格按照封建等级制度建造的，呈中轴对称形，大门三间两厦，门前檐柱上雕饰有佛手、仙桃和石榴，象征着多福多寿多子。

在此宅院的正门外是座精美的单间双柱木牌楼。牌楼为悬山屋面垂花梁架，梁柱面雕琢繁冗，带有明显的乾隆风格。牌楼上悬一匾，上书"桂荣槐茂"。与牌楼相对的是凝瑞居的大门，门额上面有一块写着"凝瑞"两字的匾额。

门前的门枕石、上马石、拴马桩一应俱全。柱子上的楹联为：

五品 指我国古代官位的一个级别。属于中级官员，一般是州级官员，如清朝的直隶州知州就属于正五品。正五品其上是从四品，其下是从五品，但唐朝、高丽王朝、及朝鲜王朝的正五品分上下，朝鲜王朝的正五品属于参上官。

仰云汉俯厚土东南西北游目骋怀常中意；
沐烟霞披彩虹春夏秋冬抚今追昔总生情。

院内布局，由于大门开间设置之原因，与敦厚宅前院所不同的是没有南厅，但有两个对称敞亮的耳房，一左一右，与中间的府第门和仪门形成三间两厦结构，加之整体装饰连中有分，分连得体，看上去很有特色。

北面是高级客厅，高大雄伟、肃穆庄严，装饰虽少、分量却重。檐柱柱头有彩绘"出将入相"，大有"侯门深似海"的感觉。

檐前柱顶石，须弥座造型上下分5个层次，分别雕以鹿、兔、羊、猫、鹌鹑、大猴背小猴，寓意平安高寿，增福进禄、辈辈封侯。

客厅正面柱上的楹联为：

听汾思波涛天下唯心路须静；
望绵知崎岖世上岂蜀道才难。

■ 王家大院的传统建筑

耳房 指正房或厢房两侧连着的小房间，这两个小房间不论是进深还是高度都偏小，如同挂在正房两侧的两只耳朵，故称耳房。如果每侧一间耳房，两侧共两间耳房即称三正两耳。如果每侧两间，两侧共四间耳房则称三正四耳。

垂花门 是我国古代建筑院落内部的门，因其檐柱不落地，垂吊在屋檐下，称为垂柱，其下有一垂珠，通常彩绘为花瓣的形式，故被称为垂花门。它是四合院中一道很讲究的门，它是内宅与外宅的分界线和唯一通道。

凝瑞府客厅，上方一匾写有"诗礼传家"4个大字，寓意为："让儒家的经典和道德规范世代相传"。

客厅的后面是雕刻精致的垂花门，上面雕饰有凤凰牡丹、狮子滚绣球，门匾额上写"天葩焕彩"，是歌颂主人似初绽花蕾，光彩四射，也是对垂花门及后院绚丽多彩的精雕细刻艺术的赞美。

凝瑞宅后院，是主人居住和活动的院子，分两层，是下窑上房的结构。

正面窑房的两柱上的楹联为：

> 邀造化孝祖先飞鹏起凤；
> 枕丘山面溪水卧虎藏龙。

窑门上方有一"德高望重"的匾额，寓意屋内住着王家的长辈。

■ 王家大院凝瑞府客厅

■ 王家大院的建筑群

凝瑞宅后院的结构和敦厚宅后院大致相同，也是一层为典型的窑洞住房，二层厢房为小姐绣楼。

这里的正窑顶层是祭祖阁，阁内装有神龛牌位和塑像，是专门供奉祖先阴灵的地方。

凝瑞宅后院没有敦厚宅后院宽敞，正面窑洞比老大家少了两孔，东西厢楼底层亦少了檐廊装置。这是为什么呢？

据说是弟弟不愿意超越兄长的缘故。但凝瑞宅后院的雕刻却比敦厚宅更加别具一格。院内无论墙基石还是墙壁，无论窗棂还是挂落、柱础石以及两侧绣楼台阶的石栏板等，都从不同侧面展示了古人精美绝伦的雕刻艺术。

其中最引人入胜的是分别筑砌于正窑和厢窑基座上的10块规格相同的墙基石，高1.6米、宽0.6米、厚0.3米，上面依次刻着五子夺魁、吴牛喘月、麒麟送

神龛 也叫神椟，是放置神佛塑像和祖宗灵牌的小阁子。神龛的大小规格不一，依祠庙厅堂宽狭和神的多少而定。大的神龛均有底座，上置龛。神像龛与祖宗龛形制有别：神像龛为开放式，有垂帘，无龛门；祖宗龛无垂帘，有龛门。

■ 王家大院书房

子、飞马报喜以及"二十四孝"中行佣供母、乳姑奉亲等图案。

这些雕刻造型生动逼真，线条自然流畅，人物神采奕奕，具有很强的立体效果，真可谓石雕艺术中的上乘之作。

同时，从正窑到厢窑的窗棂上，还有显露出其艺术魅力的木雕，有"一品清廉""喜鹊登梅""玉树临风""杏林春宴"等数幅画图组成的窗户小景，画龙点睛，使后室之内有虚有实，有情有景，情景交融，趣味横生。

不过，在凝瑞宅众多的雕刻艺术中，最为著名的还是养正书塾的石雕门框。

养正书塾在凝瑞居厨院的南侧，是主人生活区和

二十四孝 本是指由元代郭居敬辑录古代24个孝顺父母的故事，编制成的故事集。由于后来的印本大都配以图画，故又称《二十四孝图》。后来在我国传统的木雕、砖雕和刺绣上，常见这类题制的图案。

连接前后主院必经的中间小院。

书院窑门两旁柱子上的楹联为：

万卷诗书四时苦读一朝悟；
十年寒窗三鼓灯火五更明。

在书塾窑门两侧，还各有一个有趣的石雕，石础基上的石雕形象是两只大小猴子，它们都紧捂着耳朵，寓意为"两耳不闻窗外事，一心只读圣贤书"。

在书塾内，有被誉为国内石刻艺术极品的石雕门框。它是用4块青石相拼而成的。

底部寿石盘根，两侧竹竿节节拔高，顶部松竹梅高低错落，交相辉映，上面有一只喜鹊，像是在叽叽喳喳地报着喜讯。

此石雕门框构图完整，造型奇特，形神兼备，创意绝佳，颇有明代学者解缙"门前千竿竹，家藏万卷书"的意蕴。

据说，曾有一位南方商人愿意以一辆小轿车的高价换取它呢！

养正书塾内十分幽静，关上院门就会隔绝外面的喧嚣，有与世隔绝之感。

石础基 房柱下的基石。石础是柱与地面的衔接部分，其作用之一是将柱身承担的整栋建筑重量分布到地面上。作用之二是高出地面的石础，既可防潮，又可避免木柱受损。王家大院内的石础基石壁上均有精美的石刻，并且，在石础基上还有不同的动物石雕，非常珍贵。

■ 王家大院"品行兼优"牌匾

■ 王家大院廊柱上的
楹联

书塾中不但摆设雅致，还用一些对联等文字加以烘托，如：

东壁图书府；
西园翰墨林。

勤能补拙课子课孙先课己；
学可医愚成仙成佛且成人。

东大院西南部的大偏院是由两座花园式庭院组成的，一座是王汝聪兄弟俩共同所有的桂馨书院，另一座是王家的花院"叠翠轩"。

桂馨书院为王家高级书斋，分前、中、后三个院，其建筑特点与两主院大相径庭。

整座书院房屋低矮，阳光充足，院落杂错，连环

王梦鹏 字六翮，号竹林，山西省灵石县人。据说，此人曾是王家举足轻重、德高望重之人物，一生以"孝义"两字闻名朝野，其书法技艺亦颇有影响。他一生不倦，精于诗书，翰墨出众，教授乡里诸生，多成材者，曾焚契赈饥，广得美誉，为此，后人在王家大院内为其建有孝义祠。

紧套。外观极其平淡简朴，毫不引人注目。然而，当走进简陋的小门后，却是另外一番天地。

对称的"映奎"月洞门和"探酉"月洞门，与门匾刻有"桂馨"两字的正门鼎立呼应，前院十字花径，东西沟通月洞门，南北连接廊亭与后院。

在这块幽雅别致的小天地里，南面廊亭下珍存着12块双面书法石刻，称俗"石书"。上面的笔迹出自王家第十五世王梦鹏之手。

由前院到后院正屋，要经过三级台阶，寓有"连升三级"之意。

后院分上下两院，由一道女儿墙相隔，中央台阶两边紧贴隔墙的望柱为"辈辈封侯"雕刻，底座是浅浮雕"渔樵耕读"四逸图，为简洁朴实的书院涂染了富有教化意味而传神的一笔。

在此书院西边，便是花院"叠翠轩"，在此院落的西南角西堡门顶上有一瞻月楼，洞门上有"云桥"

■ 书房内的陈设

斗拱 是我国建筑特有的一种结构。在立柱和横梁交接处，从柱顶上加的一层层探出呈弓形的承重结构叫拱，拱与拱之间垫的方形木块叫斗，合称斗拱。它既是承重构件，又是艺术构件，它的应用使建筑形成"如鸟斯革"的态势。

两字。瞻月楼上有一亭名为"瞻月亭"。亭中有两联，其一是：

> 欣临亭中品茗醉；
> 稳坐台上对弈迷。

其二是：

> 仰观碧落星辰近；
> 俯瞰尘寰栋宇低。

挺拔俊秀的瞻月亭，斗拱叠出、飞檐四挑，亭基是砖砌玉壁，台阶是石雕栏杆，是花院的主要景观之一。

穿过亭下的垂花门，门内有石雕垂带踏跺，上面是月洞门，如同云梯托着一轮明月冉冉升起。

■ 书房内的古朴布局

■ 王家大院木窗

进月洞门内是一个不足20平方米的小院，里面有三间小窑洞，这里是花房和花窖。

在正窑与厢房之间，有东西两个砖券小洞门，东洞门平直通向桂馨书院的后院，西洞门比东洞门高出两级台阶，里面隐藏着一个不大的精舍小院，如果稍不留意，是很容易被忽略的。

据说，花院和精舍小院过去常年陈设着四季花卉，专供家人茶余饭后赏玩消遣，尤其是僻静幽深、藏而不露的精舍，还是主人怡心养神和著书立说的最佳地方。

此外，在花院大门旁的屋内有一个地窖，明为花窖，实为暗道，是用来防御不测的。一旦堡内被兵燹或歹人围定，便可由此逃走，避过劫难，化险为夷。

踏跺 踏跺有垂带踏跺和如意踏跺两种形式。都是用条石砌筑的。踏跺指的是条石踏步，又称"级石"。垂带是在踏跺两侧由台基至地面斜置的条石。有垂带的台阶称为垂带踏跺。有的台阶不做垂带，踏步条石沿左、中、右3个方向布置，人可沿3个方向上下，这种台阶称为如意踏跺。

在东大院内，除了中间的两座主院和西南部的大偏院，东大院主院正北的后院还有一座由一排13孔窑洞组成而又分隔为4个小院的护堡院。

整个东大院和西大院东西对峙，一桥相连，其总的特点是：依山就势，随形生变，层楼叠院，错落有致，气势宏伟，功能齐备，基本上继承了我国西周时即已形成的前堂后寝的庭院风格。

再加上匠心独运的砖雕、木雕、石雕，总体看起来装饰典雅，内涵丰富，实用而又美观，兼具南北情调，具有很高的文化品位，是国内目前不可多见的传统民居建筑。

在位于东大院和西大院之南，与两座城堡建筑呈品字形排列的是王家大院的孝义祠，也称王氏宗祠或王家祠堂。

孝义祠包括孝义坊和孝义祠两部分，是为乡举孝义王梦鹏而建的。据说，王家当年有牌坊15座，仅有孝义坊保留下来，始建于1786年。

这座青石牌坊是孝义祠较有气势的建筑。高大的三间四柱牌坊，前后共有10只石狮抱鼓，呈俯卧状，很有气势。

孝义祠建于1796年，分

■ 王家大院前石狮子

王家大院中的屋脊装饰

上下两层，总面积428平方米，楼上为祭祖堂、戏台，楼下陈列王家宗祠、坟茔模型以及记载王梦鹏一生善行的立体雕塑，艺术价值极高。

由于王家的老祖宗王实是靠卖豆腐发家的，为此，在王家大院里，王实用过的卖豆腐的扁担一直作为王家的宝贝，被放在王家的祠堂内。而且，在王家的西大院内，还保留有醋坊和豆腐坊。

王家祠堂作为王氏先祖灵魂栖息的家园，已有数万名海外王氏后裔相继到此观光并拜祖敬香。

阅读链接

据说，王家大院的红门堡本名恒贞堡，那么，为何又叫红门堡呢？这里有一则趣闻。

传说，恒贞堡内的"平为福"院建成之后，院主人王家十六世孙王中极，为图大吉大利，听信阴阳先生，将大门漆为红色，不料有人告发其犯上，惹来了祸端。

好在王家朝中有人，消息灵通，在朝廷查办人员到来的前一天夜里，王中极已将大门改漆为绿色，免去了一场祸患。

从此，恒贞堡便有了红门堡的俗称。

大院的建筑装饰和文物

王家大院庭院

从明万历年间至清嘉庆十六年，静升王氏家族的住宅随其族业的不断兴盛，在村中，由西向东，由低到高，不断延伸，渐修渐众，营造了总占地面积25万平方米之巨的王家大院建筑群体，远比占地15万平方米的北京皇家故宫庞大。

这座古老的建筑群不仅是清代民居建筑的集大成者，还是一座具有精美装饰的建筑。王家大院建筑装饰的典范，主要体现在屋面、

■ 王家大院中的盆景

建造外和建造内三部分上。

通常屋面建筑中的屋顶为一栋建筑物的帽子，因此在装饰上也很有讲究。王家大院内很多房子采用的是鹿纹瓦当，其材料为小青瓦。

鹿被看作善灵之兽，可镇邪。鹿又象征长寿，"鹿"与"禄"谐音，象征富贵，故蝙蝠、梅花鹿、寿星合起来叫作"福、禄、寿三星"。

但是，不同的精美图案各有不同的意义，龙凤象征夫妻恩爱，松鹤象征长命百岁，蝙蝠象征福运将至，凤凰牡丹象征富贵安康，鲤鱼跳龙门象征仕途通达。

王家大院中山墙顶部的山尖通常做成"五花山墙"。这种山墙是传统的建筑形式之一。在悬山山墙上部，是随排山各层梁及瓜柱而呈现的阶梯形结构。

它随屋顶的坡势层层叠落。一般迭落两三次，每层在墙头上用小青瓦做成短檐和脊，脊上青瓦竖立排列，尽端处起翘反卷。脊下两侧是短短的瓦垅，沟头

故宫 位于北京市的市中心，旧称紫禁城。于明朝永乐十八年建成，是明清两代的皇宫，无与伦比的古代建筑杰作，世界现存最大、最完整的木质结构的古建筑群。故宫全部建筑由"前朝"与"内廷"两部分组成。

■ 精美的石雕

030

大宅揽胜

宏大气派的大户宅第

雀替 是指我国古建筑的特色构件之一。宋代称其为角替，清代称为雀替，又称为插角或托木。通常被置于建筑的横材梁、枋与竖材柱相交处，作用是缩短梁枋的净跨度从而增强梁枋的荷载力；减少梁与柱相接处的向下剪力；防止横竖构材间的角度之倾斜。有木雀替和石雀替两种。

滴水，一应俱全。这种逐层迭落的山墙被当地称之为"三花山墙"或"五花山墙"。

其中，五花山墙最重要的功能是防火，以免一间房子失火，殃及附近住宅，所以"五花山墙"别称"封火墙"或"风火墙"。

王家大院的建造外是指其四合院外墙面的装饰。"王家大院"外全部采用石材雕刻装饰，包括屋柱、窗等。牢固耐用、内外对承的需要。

王家大院的建造内是指其四合院外墙内的装饰，包括除"大木构架"以外的木构件，如梁枋、楣罩、琴枋、雀替、擎檐撑、门、窗、罩、栏杆和裙板等构件。这些木构件一般使用驱邪祈福的图案较多。

其中，以人物为题材的有蟠桃盛会、文王访贤、麻姑献寿、郭子仪上寿图等。以祥禽瑞兽为题材的有龙、凤、狮子、麒麟、鹿、鹤、喜鹊、蝙蝠、松鼠和鱼等，并组成丹凤朝阳、狮子滚绣球、五蝠捧寿、凤穿牡丹、喜鹊登梅图等。

但王家大院内的房屋装饰以暗八仙和佛八宝为题材的较多，其寓意为求仙得道。洞门和窗格也有以宝瓶形和葫芦形的洞门，寓意为平安、多子多福和吉祥。

据传，王家大院选用宝瓶和葫芦形状为洞门，是因为"瓶"的谐音为"平"，因此宝瓶形洞门象征平安。

葫芦为八仙之一铁拐李的法器，又是传统画老寿星手中之物，葫芦繁殖力很强，结果时十分繁茂，有"多子多福"的象征意义，葫芦被民间视为吉祥物，因此葫芦形洞门具有多子多福和吉祥之意。

王家大院的窗格图案以绵纹和动植物相配合而成，如梅花和竹衬以冰裂纹，象征春天到来，万物生机勃勃。

王家大院的装饰意义广泛，因而"王家大院"被象征为商人的精神世界和处世哲学。同时，它也有别于其他的古典园林，还被象征为文人的精神世界。

在王家大院中，最能体现文人的精神世界就数其匾

八仙 民间广为流传的道教中的8位神仙。"八仙"之名，明代以前众说不一。有汉代的八仙、唐代的八仙、宋元时的八仙，所列神仙各不相同。至明代吴元泰在《八仙出处东游记》即《东游记》中把八仙定为：铁拐李、汉钟离、张果老、蓝采和、何仙姑、吕洞宾、韩湘子和曹国舅。

■ 大院中的古筝

■ 王家大院石雕

行书 是在楷书的基础上发展起源的，介于楷书、草书之间的一种字体，是为了弥补楷书的书写速度太慢和草书的难于辨认而产生的。"行"是"行走"的意思，因此它不像草书那样潦草，也不像楷书那样端正。实质上它是楷书的草化或草书的楷化。楷法多于草法的叫"行楷"，草法多于楷法的叫"行草"。

额了，在整个大院中，凡堂必有楹联，凡门户必有匾额。其质料大多数为木材质，少数是砖石刻成。它们诗书气华，无一雷同，字数寥寥，意境悠远。

所有匾额不仅增添了宅院的儒雅之气，还赋予每幢院落妙不可言的精魂神韵，驻足品味，令人叫绝，其书写有行书、隶书、篆体、章草；其造型有竹型联、秋叶额、书卷额、折扇额。

其内容，或颂德，或言志，或垂教，如"映奎""桂馨"，期盼科考顺利，出类拔萃；"观我""视履"，警示个人要时刻规范自己的行为；"就日瞻云"夸示谒见皇帝之荣耀等。

这些形制不大的装饰品仿佛无处不在的精灵，多少年来，默默地以不同的形态点缀在这古朴而堂皇的王家大院，作为文化的象征，使得以商发家的王家有了品位。

在王家大院，除了这些与众不同的建筑装饰，还有一批珍贵的文物珍藏品。包括明清时期著名书画家郑板桥的手书楹联，祁隽藻的门匾，傅山与刘墉的条幅，唐伯虎与文征明的绘画，翁方纲的石刻、木匾等。这些名人真迹之所以见之于王家，与其家族的历史背景有着密切的关联。

据《王家族谱》中记载，王家在清康乾嘉鼎盛时期，在外为官者与上流社会及书画名家多有来往，而且过从甚密。故而，在当时求得几幅名家墨宝自在情理之中。这些藏品，有的木匾、石刻仍在门额上镶嵌着，有的存放在展柜里供游人参观。

从价值意义上看，它们虽经历了二三百年时日的侵蚀，但魅力依然，价值更高。

同时，在王家的西大院内，还有一批珍贵的明清家具，造型简洁，雕刻精美，充分展示了优质木材的

祁隽藻（1793—1866），字叔颖，一字淳甫，避讳改实甫，号春圃、息翁，山西寿阳人。清朝大臣，三代帝师，四朝文臣。其书法由小篆入真行，师承二王，出颜柳，参以山谷，深厚道健，自成一格，为清代中晚期著名书法家，有"一时之最，人共宝之""楷书称首"的赞誉。

民居第一宅

王家大院

■ 山西王家大院远景

王家大院中的瓷器

质地、色泽和纹理的自然美。

另外，在王家大院内还有很多从当时保留下来的奇花异草，它们主要有丁香、金桂、银桂、榆叶梅、海棠、山桃花、夹竹桃、杜鹃花、栀子等。树多为枣树、槐树和石榴树。

这些植物不仅为王家大院增添了不少的活力和生命，还成为王家大院里不可或缺的重要组成部分。

在王家大院中，不仅有着古老的奇花异草，而且还有着"贵精而不贵丽，贵新奇大雅，不贵纤巧烂漫"的建筑，因此在古建范畴中，王家大院的艺术内涵可谓贯穿种种，无所不包，继而更是有着"民间故宫"和"山西的紫禁城"的美名之称。

阅读链接

在王家大院内珍贵的物品中，还有两件稀世之宝：

一件是"大清万年一统天下全图"；另一件是清光绪年间的一张组合式红木雕花"龙凤床"。

据考证，前者除北京故宫和王家所存之外，目前在国内还没有再发现。后者被国家文物部门鉴定为上品级的重点文物，现在已被视为王家大院的镇宅之宝。

这两件珍贵的文物是王家珍藏的精华。

乔家大院

乔家大院位于山西省祁县乔家堡村。此院属于全封闭式的城堡式建筑群，建筑面积约4100平方米，分6个大院，20个小院，共计313间房屋。

乔家大院闻名于世，不仅是因为它有作为建筑群的宏伟壮观的房屋，更主要的是因为它在一砖一瓦、一木一石上都体现了精湛的建筑技艺。

此院始建于清朝乾隆年间，以后曾有两次增修，一次扩建，经过几代人的不断努力，于20世纪初建成一座宏伟的建筑群体，集中体现了我国清代北方民居的独特风格。

乔贵发之子始建乔家老院

我国山西素有"中国古代建筑博物馆"之称。全省现存有大量明清时期的民居建筑，它们大都集中在晋中的祁县、平遥、太谷、介休一带。这些深宅大院不仅是当时富商大贾的宅第，也是显赫一时的晋

古朴精美的建筑

■ 乔家大院雅溢韵

商的历史见证。

在这些著名的晋商大宅中，位于山西省祁县乔家堡村的乔家大院就是它们其中的一个代表。

不过，虽然乔家大院也是商人修建的，但其实，乔家的祖上并不是商人。据说，乔家大院第一代创建人乔贵发最开始只是乔家堡村的一个村民。

乔贵发在很小的时候就孤苦伶仃，既无房屋田产支撑，也无兄弟亲朋帮衬。无奈的他不得不寄食于祁县东观镇舅舅家中。

不幸的身世，让乔贵发自小便跟随外祖父和舅舅一起推磨做豆腐、卖豆腐。几年后，乔贵发长大成人，在本家侄儿的婚礼上，因为无钱无势，被人侮辱，他决定发愤图强，活出个样来。

当时的祁县贾令镇位于官道要冲，是南来北往的商队、驼队的必经之处，乔贵发便随这些商驼队踏上

晋商 是我国"山西商人"的简称。"晋"是山西的简称。通常意义的晋商指的是我国在明清500年间的山西商人，晋商经营盐业，票号等商业，尤其是以票号最为出名。晋商为我国留下了丰富的建筑遗产，其中最为著名的有乔家大院、常家庄园和曹家三多堂等。

■ 乔家大院颐养堂

硬山顶 又称硬
山式屋顶，是我
国传统建筑双坡
屋顶形式之一。
硬山顶建筑等级
最低，低于庑殿
顶、歇山顶和悬
山顶。根据我国
清朝规定，六品
以下官吏及平民
住宅的正堂只能
用悬山顶或硬山
顶，而宫墙中两
庑殿房也多有硬
山顶。

了走西口的征途。

他与清徐的一个姓秦的小伙子一起在一个杂货铺打工，由于他们的勤快和好学，受到了老板的赏识，教会了他们很多的经商之道。

后来，他们有了些积蓄，就开了一个草料铺。有一年，是个丰收年，粮价跌落，黄豆价格尤其低，他们便趁机购存大批黄豆。不料，第二年黄豆紧缺，价钱不断上涨，他们便将黄豆抛售出去，获利颇丰。于是利用这笔资金，他们开设字号，名为广盛公。

后来，因为管理的滞后，有些亏损，经过3年的整改，终于有了新的起色，从此奠定了乔家大院修建的经济基础。

在乔贵发发家致富期间，他不仅娶了妻子，还生养了3个儿子，这3子分别为乔全德、乔全义和乔全美。这3个儿子长大后，不仅各自成了家，还在乔贵发的家乡乔家堡村各自成立了自己的商业字号。

老大乔全德在乔家堡村西成立了"德兴堂"，老二乔全义在村东成立了"保元堂"，老三乔全美则在村中央成立了"在中堂"。

后来，乔家老大和老二的"德兴堂"和"保元堂"由于经营不善渐渐衰落了。而老三乔全美则秉承其父乔贵发的创业宏愿，致力于拓展家业。

到乾隆年间，乔全美还用赚得的钱，买下了村内十字路口东北角的几处宅地，并亲自组织人员盖起了一座硬山顶砖瓦房结构的楼房，修成了乔家大院的第一座院子，成为大院的第一位创始人。

乔全美修建的第一座主楼属于砖木结构，有窗棂而无门户，在室内筑有楼梯，其建筑特点为墙壁厚，窗户小，坚实牢固，为"里五外三"院落。

这座院落人称"大夫第"，位于后来的乔家大院内北面的第一院落，又被人们称为"老院"，是一座晋中一带典型的穿心楼院。

老院共由一座跨院、两座外内正院和两座外内偏院组成。大院的大门面阔3间，门上雕有4只狮子，寓

窗棂 指窗里面横的或竖的格，并且在窗棂上还雕刻有线槽和各种花纹，构成种类繁多的优美图案，同时，窗棂文化也是我国建筑历史文化的组成部分。有板棂窗、格扇、隔断、支摘窗、遮羞窗等。

■ 乔家大院"大夫第"

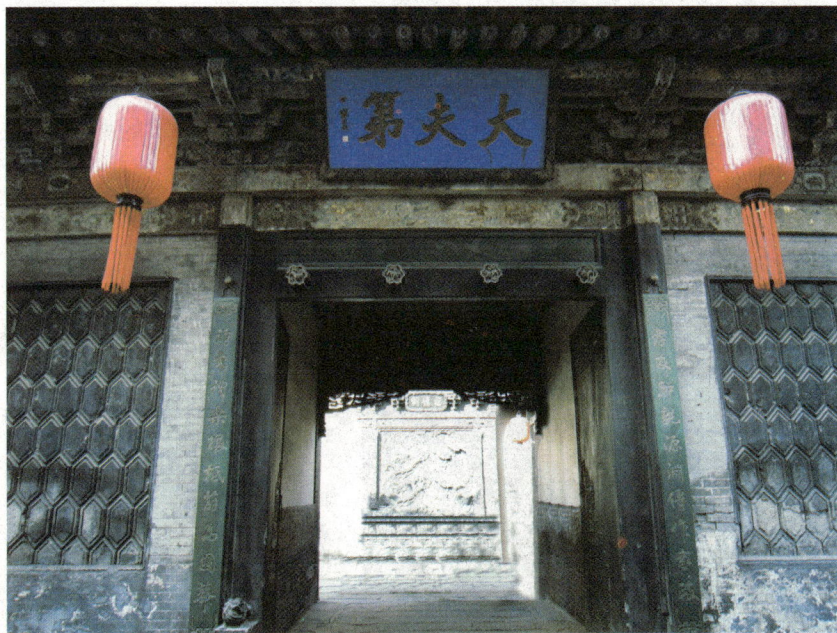

戟 是我国独有的一种古代兵器。实际上戟是戈和矛的合成体，它既有直刃的又有横刃，呈"十"字或"卜"字形，因此戟具有钩、啄、刺、割等多种用途，其杀伤能力胜过戈和矛。

意"四时平安"。在大门的门额上，有一块写着"大夫第"的牌匾。

进入大门后，便是老院的第一进院外跨院。院内正面的第一个建筑是一幅大型砖雕影壁。

影壁楹额上书"福德祠"3个字。字的下面雕着的是紧紧连在一起的铜镜和铜钱串，寓意着"光明富贵""富贵连环"。

在铜镜和铜钱的下面一行砖雕中，雕刻着表达吉祥如意，福寿双全等美好愿望的吉祥图案：

顶端雕有4只狮子，"狮""时"谐音，意为四时平安，中间雕有几件法器戟、磬、如意，意为吉庆如意；正中偏上是芙蓉树，暗喻福如东海，上面的石雕为寿山石，暗喻寿比南山；六只鹿，"鹿""陆"同音，寓意为"六时通顺"。

在这些砖雕的两边，还有一副对联：

职司土府神明远；
位列中宫德泽长。

这福德祠又称"土地祠"，是用来供奉土地爷的，在影壁下部有一个摆放土地爷的小龛。福德祠的寓

■ 乔家大院影壁

意为"门迎百寿，院纳福德"。

此影壁还有两种用途：一是起装饰作用，二是可以镇宅辟邪。在此影壁右边，是一座写有"馨德昌馥"牌匾的房子。从此房子进去，便是老院的外偏院。

在影壁的左边，是老院外正院的门楼，门楼的匾额上，有一块写有"毋不敬"字样的匾额。

此门楼后面，便是老院的二进院，乔全美请人最先修建的那个里五外三的穿心楼院。进入此楼院，需要连登三级台阶，高约为1米，寓意为步步登高。

从"毋不敬"门楼进入，便是老院的内正院，也就是老院的第三进院。此院正房是一个二层的小楼，楼上有窗而没有门，人们把这种楼称为统楼，所以此院子也被称为统楼院。

此楼上方有一块牌匾"为善最乐"，这正是乔家老爷的座右铭。据说，这正房是乔家人用来会客的，房间的墙壁厚度约为1.2米，是仿照过去的窑洞修建的，所以有冬暖夏凉的优点。

三进院正房旁边的东西厢房分别是书房和卧室。其中，书房的正门处挂着一块写有"会芳"字样的匾额，匾额上的檐饰为莲花造型，寓意"出淤泥而不染"之意。门前两旁的木柱子上还有一副对联：

■ 乔家大院"毋不敬"匾额

土地爷 又称土地、土地神、土地公公，《西游记》《宝莲灯》中的重要人物。传说中掌管一方土地的神仙，住在地下，是神仙中级别最低的。我国土地神崇奉之盛，是由明代开始的。明代的土地庙特别多，到清代时，人们开始把土地爷的神龛安放在民宅中，用于镇宅辟邪。

大宅揽胜

宏大气派的大户宅第

> 宽宏坦荡福臻家常裕；
>
> 温厚和平荣久后必昌。

意思是：教育乔家后代做人要宽宏坦荡，才能事业有成，并要待人温厚和平，才能永葆家业长存、昌盛永远。

阅读链接

传说，在乔家老院的偏院外原有个五道祠，祠前有两棵槐树，长得离奇古怪，被人们称为"神树"。

乔家取得这块地皮的使用权后，原打算移庙不移树。后来乔全美在夜间做了一个梦，梦见金甲神告他说："树移活，祠移富，若要两相宜，祠树一齐移。往东四五步，便是树活处。如果移祠不移树，树死人不富……"

果然，在迁移祠堂没多久，这棵树便奄奄一息，乔全美心想恐怕是得罪了神灵，于是他便照着梦中神仙所指示的地方，把树移了过去，这棵树被移去没多久果然就复活了。于是，乔家又在侧院前修了个五道祠。

乔致庸买地扩建三大院落

　　1818年，乔家大院的创始人乔全美的第二个儿子出世。乔全美为这个儿子取名为乔致庸。

　　乔致庸长到几岁后，他的父母便因病去世了，为此，他便由自己

■乔家大院庭院

的兄长乔致广抚育长大。到少年时，乔致广因病去世，乔致庸只好弃学从商，开始掌管乔氏家族生意。

在乔致庸执掌家务时期，乔氏家族事业日益兴盛，成为山西富甲一方的商户。其下属"复字号"称雄包头，有"先有复盛公，后有包头城"的说法。另有"大德通""大德恒"两大票号遍布我国各地商埠、码头。

至清末，乔氏家族已经在我国各地有票号、钱庄、当铺、粮店200多处，资产达到数千万两白银。乔致庸本人也被称为"亮财主"。

19世纪末，由于连年战乱，大量白银外流。晚年的乔致庸为了保留乔家的钱财不被外流，于1862年在老院西侧隔小巷置买了一大片宅基地，大兴土木，对乔家大院进行了大规模的扩建，成为了乔家大院的第二代创建人。

■ 乔家大院房屋内景

乔致庸命人在老院的后面盖了一座同样是里五外三格局的楼房院，与老院形成了两楼对峙的格局。

这座楼房的主楼为悬山顶露明柱结构。主楼的楼门采用通天棂门，门楼的卡口是南极星骑鹿和百子图木雕。上有阳台走廊。上得走廊，前沿有砖雕扶栏，正中为葡萄百子图这象征着家族的兴盛，意思是"葡萄百子，一本万利"。

■ 乔家大院门房

往东是奎龙和喜鹊儿登海；西面为鹭丝戏莲花和麻雀戏菊花，最上面为木雕，刻有奎龙博古图。站在阳台上可观全院景色。

由于两楼院隔小巷并列，且南北楼翘起，故叫作"双元宝"式。

这座主楼竣工的9年后，乔致庸又亲自主持了乔家大院的第二次扩建。

这一次，乔致庸在两楼院隔街的南面买地，在与两楼隔街相望的地方建筑了两个横五竖五的四合斗院，也就是后来的东南院和西南院。

如此一来，这四座院子正好占了街巷交叉十字路口的四角，奠定了后来连成一体的建筑格局。

乔致庸主要修建的位于老院后面的院落，又名"在中堂"，也被称为西北院，是乔家大院北面的第

悬山顶 是两面坡顶的一种，是我国一般建筑中悬山最常见的形式之一，其特点是屋檐悬伸在山墙以外，并且它只用于民间建筑，规格上次于庑殿顶和歇山顶。

奎龙 是我国自古以来的吉祥图腾之一，常见诸建筑。陶瓷制品中也常有应用。在我国现存多家"大院"式建筑中可见，通常格局在走廊前沿有砖雕扶栏，最上面为木雕，刻有奎龙博古图。

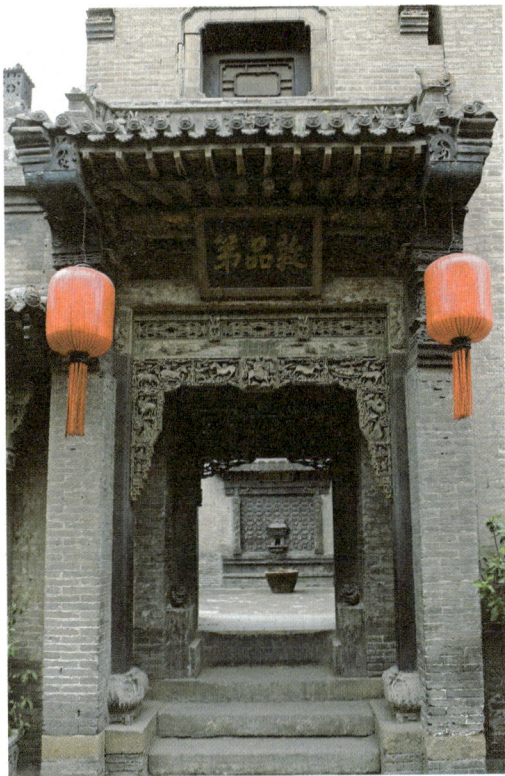

■ 乔家大院敦品第

福禄寿三星 是我国古代人心目中数千年来最受喜爱的三位神仙。又称"财子寿""三星""三仙"，象征着财富、子孙、长寿等。在传统的雕刻和绘画当中，福禄寿三星的排列由左至右依序是寿星、福星、禄星。

二个院落。

和老院一样，此大院也是由一座跨院、两座外内正院和两座外内偏远组成。

大院的大门也是面阔3间，只不过，在此大门的门额上，挂着一块写有"中宪第"的匾额。

在大门内，便是西北院的外跨院，在这个跨院内，便是里面的穿心楼院的门楼。

门楼上有一块匾额，写着"在中堂"3个大字，取意为"不偏不倚，执用之中"。

门楣上雕刻有"福禄寿"三星，两边有八骏的雕刻，这说明主人希望后代子孙都有所作为。

在此大门两边的木柱上，还有一副对联：

传家有道唯存厚；
处世无奇但率真。

进入此门楼，便是西北院的二进院外正院。

院内有一间"碧琳"厢房，大门两旁木柱上的对联写道：

瑞日芝兰光甲第；

春风棠棣振家风。

　　在二进院后面，便是西北院的内正院。内正院的门楼匾额为"颐养堂"，门匾周围和雀替上的木雕非常精美。这个门楼的后面，就是一个悬山顶明柱结构的明楼院，二楼是有门有窗的，相对于老院的内院正楼来说，它的建筑结构与风格就十分讲究与先进了。

　　据说，这是为乔致庸所建的居住之所，是乔家大院最宏伟气派的院子。二楼的匾额为"光前裕后"，楼下的匾额为"怡静"。两边的楹联为：

风采麟祥缵前修而振武；

绿槐丹桂基世德以流芳。

　　当年，乔致庸不仅修建了这座西北院，还建成了乔家大院南边的

■ 乔家大院"碧琳"堂

■ 乔家大院"思退"堂

对联 又称楹联或对子，是写在纸、布上或刻在竹子、木头、柱子上的对偶语句，其对仗工整、平仄协调、字数相同、结构相同，是一字一音的中文语言的独特艺术形式。对联相传起于五代后蜀主孟昶。它是中华民族的文化瑰宝。

两个院子。

其中，东南院也称乔家大院的二号院，此院的大门匾额为"敦品第"。匾额周围的木刻非常精美。

在此院的大门内也有一座用来供奉土地爷的"福德祠"影壁，影壁上是一些如同钱币的刻画。

影壁上，有一副对联写着：

位中央两贤化育；

配三才以大生成。

在这个影壁后面，是东南院的偏院。在偏院的旁边，才是东南院的正院。

在这个院内，有"静宜"和"思退"等房间。

东南院与又名第三院的西南院是一个双跨院，可以直接穿过东南院进入西南院。

这西南院又称三宝院，大门上面的匾额为"芝兰第"，此院里面主要放着乔家大院的三大宝物。

正房内的第一件宝物叫作犀牛望月镜，是用东南亚铁梨木雕刻而成的，平时人们所见的木头都是密度小于水的，所以放在水里会漂浮起来，而东南亚铁梨木的密度则很大，它会沉在水底，200年来，镜子影像清晰，结构完美。

东厢房中的第二件宝物叫作万人球。这是个圆球形的镜子，无论有多少人在房中，也无论站在哪个角度，都可以在镜子里找到自己，而且影像十分清晰，不会变形，所以叫作万人球。

这万人球是清代的遗物。据说，当时它是有一个重要用途的，就是起监视的作用。当时乔老爷把它挂在正房的窗外，老爷经常会与掌柜的商讨商业事宜，它正是起到一个监视的作用，防止有人在外面偷听。

第三宝就是悬吊在西厢房的两盏"九龙灯"。

九龙灯是用珍贵的乌木制作的一对八角形宫灯。因为灯上共雕有九条龙，所以称"九龙灯"。据说，这对九龙灯是当年慈禧西逃时赐给乔家的，乔家还因此向慈禧贡献了30万两白银。

九龙灯做工极为精巧，高0.9米，上刻9条蟠龙，其中的8条分

■ 乔家大院宝物犀牛望月镜

乌木 有"东方神木"和"植物木乃伊"之称。由地震、洪水、泥石流将地上植物生物等全部埋入古河床等低洼处。埋入淤泥中的部分树木，在缺氧、高压状态下，细菌等微生物的作用下，经长达成千上万年炭化过程形成乌木，故又称"炭化木"。

上下两层呈"卐"字形排列，中以一轴贯通，为乌木精雕而成，龙身经过特殊设计，可以变换姿势自由转动。

灯的主体由4幅画质精美的风景画组成，点燃蜡烛，九龙灯好似九龙戏火，十分奇特。在我国，只发现了这两盏九龙灯，可谓"独二无三"。

再说乔家第三代乔致庸，他在世时的主要成就是，扩建了规模庞大的乔家大院，因为当时他居住的西北院又名在中堂，为此，后人也称乔家大院为"在中堂"。

阅读链接

据说，在乔致庸对大院进行第二次扩建时，需要拆除大院南边的堡门祠堂。

那是乔家堡王姓家族的社庙，其旁边还有两棵挺拔苍翠的椿树。王姓家族对此十分珍爱。尤其是庙旁那两棵茂盛的椿树，他们认为这是王家人丁兴旺的象征。而乔家要扩建大院，就必拆庙毁树。

乔致庸想了很多办法，最终使王姓家族部分人同意，但另外还有一些反对的王家后人。

乔致庸为避免这件事损坏乔家的名声，便决定在小巷的东口修一座三官庙。此庙坐东朝西，比原来的社庙造价要高出许多倍，庙门之内还留下一个小天井。对此，王姓家族的人也就不再说什么了。

更为神奇的是，原来社庙旁曾砍掉两棵大椿树，三官庙修成之后第二年，小庙天井中竟也长出两棵椿树。没有几年，树冠便超过院墙。令人叹为观止的是，两棵椿树树身是分开的，而树冠却抱在一起。从庙外看恰似一棵树。这两棵树在王家人的保护下生长了好多年。

乔家后人陆续建成其他建筑

　　据说，乔家大院的第二位创始人乔致庸有6个儿子，当乔致庸去世后，他的二儿子景仪和三儿子景俨又在父亲扩建的大院上，继续扩建大院。

　　当时正是清朝的光绪中晚期，乔家人花了很多银两，买下了当时

■ 乔家大院内景观

■ 乔家大院内景

乔映霞 字锦堂，乳名成义，因而人称"成义财主"。同辈兄弟中排行老大。他为人精明强干，思想激进。据说，他的祖父乔致庸去世前，把乔家的商业都交由他主持。他还针对众兄弟与子弟的性格特点，分别立书斋名，并订立家规：一不准吸鸦片，二不准纳妾，三不准赌博，四不准冶游，五不准酗酒，等等。

街巷的占用权。

乔家取得占用权后，把巷口堵了，小巷建成西北院和西南院的侧院；东面堵了街口，修建大门；西面建祠堂；北面两楼院外又扩建成两个外跨院，新建两个芜廊大门。跨院间有栅栏通过，并以拱形大门为过桥，把南北院互相连接起来，形成城堡式的建筑群。

到20世纪初，由于乔家人口增多，住房显得不足，因而乔家人又购买地皮，向大院西部继续扩建。

组织此次大院扩建的负责人是乔景仪的儿子乔映霞和乔景俨的儿子乔映奎，他们又在紧靠西南院的地方建起了一座新院。

格局和东南院相似，但窗户全部刻上大格玻璃，西洋式装饰，采光效果也很好，显然在式样上有了改观。就连院内迎门影壁雕刻也十分细致。

与此同时，西北院也由乔映霞设计改建，把和老院相通的外院之敞廊堵塞，连同原来的灶房，改建为客厅。还在客厅旁建了浴室，修了"洋茅厕"，增添了异国风情。

经过这一系列的扩建后，乔家大院最终形成了后来的格局。这是一座雄伟壮观的建筑群，整个大院位于祁县乔家堡村正中。从高空俯视院落布局，大院的房屋看起来很像一个象征大吉大利的"囍"字。

整个大院占地8724平方米，建筑面积3870平方米。分6个大院，内套20个小院，313间房屋。大院形如城堡，三面临街，四周全是封闭式砖墙，高三丈有余，上边有掩身女儿墙和瞭望探口，既安全牢固，又显得威严气派。

乔家大院依照传统的叫法，北面3个大院从东往西依次叫老院、西北院、书房院。南面3个大院依次为东南院、西南院、新院。这样的称谓，表现了乔家大院中各个院落的建筑顺序。

进入乔家大院，最先看到的是一座大门，这座大门坐西向东，为拱形门洞，上有高大的顶楼，顶楼正中央悬挂着山西巡抚受慈禧太后赠送的匾额，上书"福种琅

053

■ 乔家大院拜堂蜡像

■ 乔家大院砖雕
"百寿图"

左宗棠（1812—1885），字季高，一字朴存，号湘上农人。晚清重臣，军事家、政治家、著名湘军将领，洋务派首领。左宗棠少时屡试不第，转而留意农事，遍读群书，钻研舆地、兵法。后竟因此成为清朝后期著名大臣，官至东阁大学士、军机大臣，封二等恪靖侯。

环"4个大字。并且在黑漆漆成的大门上还装有一对椒图兽铺首，大门两边镶嵌着铜底板对联一副：

> 子孙贤，族将大；
> 兄弟睦，家之肥。

对联的字里行间透露着大院主人的希望和追求，也许正是遵循这样的治家之道，乔家经过连续几代人的努力，达到了人丁兴旺、家资万贯的辉煌成就。

在大门顶端的正中央镶嵌着一块青石，青石上写有"古风"2个字。雄健的笔法同这两个字所代表的承接古代质朴生活作风的本意相得益彰，发人深省。在大门对面的影壁上，还刻有砖雕"百寿图"，青砖为底，阳刻鎏金，纵横各10个字，共100个"寿"字形态各异，无一雷同，一字一个样，字字有风采。

影壁两旁是清朝大臣左宗棠题赠的一副意味深长的篆体对联：

> 损人欲以复天理；
> 蓄道德而能文章。

横批是"履和"。这副对联同作为巨商大贾的乔家所秉承的"和为贵"的中庸之道是很相称的。

进入大门，是一个长长的甬道。甬道把6个大院分为南北两排，南面三院为二进双通四合斗院，硬山顶阶进式门楼，西跨院为正，东跨院为偏，中间和其他两院略有不同，正面为主院，主厅风道处有一旁门和侧院相通。整个一排南院，正院为主人所住，偏院为花庭和用人们住宿的地方。

南院每个主院的房顶上盖有更楼，并配置修建有相应的更道，把整个大院连了起来。

北面3个大院均为开间暗檩暗柱走廊出檐大门，便于车子、轿子出入。大门外侧有拴马柱和上马石阶。从东往西数，一二院为三进五联环套院，是祁县一带典型的里五外三穿心楼院，里外有穿心过厅相连。里院北面为主房，二层楼，和外院门道楼相对应，宏伟壮观。

在甬道西边的尽头处是雕龙画栋的乔氏祠堂，此

中庸之道 亦即君子之道，是我国传统儒家修行的法宝。是由孔子提倡、子思阐发的提高人的基本道德、精神修养。以达到天人合一、太平和合神圣境界的一整套理论与方法。它的理论基础就是人们自觉修养所达到像美好善良的天一样造福于人类和自然的理想境界。

■ 乔家大院慈禧太后赠送的匾额

出檐 在带有屋檐的建筑中，屋檐伸出梁架之外的部分，叫作"出檐"。我国古建筑中，其出檐大小也有尺寸规定。清式则例规定：小式房座，以檐檩中至飞檐椽外皮的水平距离为出檐尺寸，称为"上出檐"，简称"上出"，由于屋檐向下流水，故上出檐又形象地被称为"出水"。

祠堂与大门遥相呼应。乔氏祠堂的装饰十分美观大方，三级台阶，庙宇结构，以狮子头柱、汉白玉石雕、寿字扶栏、通天榥门木雕夹扇。

出檐以四根柱子承顶，两根明柱，两根暗柱，柱头有玉树交荣、兰馨桂馥和藤萝绕松的镂空木雕。并且在整个祠堂内还陈列着木刻精雕的三层祖先牌位。

在祠堂南边，便是由乔映霞和乔映奎组织修建的新院。此院也称商俗院，正门的匾额上为"承启第"。在正门后面，有一座著名的知足阁，阁中，有乔家砖雕精品之三的砖雕影壁。

砖雕全文，据说是出自南宋哲学家、文学家吕祖俭编著的《宋文鉴》，由乔家女婿晋中著名书法家赵铁山书写。

影壁上面精美的雕花门罩，匾额上面的字为"知足阁"。在此影壁旁，还有一份"省分箴"石刻，据说也是赵铁山所写。

这个院子由偏院、正院和眺楼组成。在建筑风格上处处体现出了乔映霞留学所带来的先进技术，正房的窗户有欧式的风格。

■ 乔家大院承启第

此外，这里还有很精美的砖雕。在门楣上方的砖雕，正中是一个香炉，上面还坐了一个小孩，寓意为香火旺盛，两边分别是琴棋书画，乔家人希望自己的子孙是多才多艺，琴棋书画样样精通的；两边分别是钟和表，教育乔家的后代子孙要懂得一寸光阴一寸金，要珍惜时间。

在东厢房上，还有一个更有意思的雕刻，中间小的玻璃窗户格子上方，有一列火车正在桥上行驶，还冒着烟，据说，这是乔映霞当年把在外国看到的火车凭借自己的印象雕刻到这里的。

■ 乔家大院神龛

正对着这座新院的建筑群便是乔家大院内最后完成的建筑——花园院。

据说，乔家人本打算把这修成一座书房院的，但由于种种原因，最终没有修成，最后便成了一座花园。院大门匾额为"钟灵毓秀"，院内有假山池塘，小桥流水，还有一个亭子，供人自由浏览。

在乔家大院中无论是房间还是乔氏祠堂，在屋檐下部都有真金彩绘，内容以人物故事为主，除"燕山教子""麻姑献寿""满床笏"和"渔樵耕读"外，还有花草虫鸟以及铁道、火车、车站、钟表等现代图案。

彩绘 又称丹青，最早出现于我国春秋时代，是我国传统建筑上绘制的装饰画，后传到朝鲜半岛和日本，并被两者广泛运用和发扬光大。在我国古代建筑上的彩绘主要绘于梁和枋、柱头、窗棂、门扇、雀替、斗拱、墙壁、天花、瓜筒、角梁、椽子、栏杆等建筑木构件上。

这些图案，堆金立粉和三兰五彩的绘画各有别致。彩绘所用金箔，纯度相当高，虽经长期风吹日晒，但仍是金黄闪闪。这些彩绘的立粉工艺十分细致，须一层干后再上一层，这样层层堆制，直到把一件饰物逼真的浮雕制成为止，最后涂金。

涂金可保持经久不褪，色泽鲜艳，因其太薄，必须挑选晴朗无雨无风的天气，才能进行操作。由此可见，乔家大院屋檐下部的金彩绘，真可谓我国具有代表性的一件作品。

乔家大院之所以引人注目，不仅和建造结构、院落布局、彩绘工艺有关，还和修建房屋时的细节是分不开的。尤其是各种各样的雕刻技艺可谓巧夺天工。

在乔家大院内，随处可见精致彩绘工艺和巧夺天工的木雕艺术品。木雕的雕刻品个个都有其民俗寓意。每个院的正门上都雕有各种不同的人物。

总之，乔家大院的建筑技艺，充分体现了我国清代民居建筑的独特风格，具有相当高的观赏、科研和历史价值，确实是一座无与伦比的艺术宝库。

阅读链接

据说，在乔家大院的地下，还有著名的九曲下水道和百年的乌龟。

当年，为了大院内下水道的修建，乔家人可谓费尽了心思。

他们把下水道建得曲曲折折的，并不是直道，意思就是怕福气和财气一泄而光。但是，曲折的下水道就会造成了堵塞，怎么办呢？

乔家人就在下水道的每一个拐角处都放了一只乌龟，这些乌龟可以帮助疏通淤塞。

这些乌龟至今仍然存在，它们至少有300年以上的寿命，如今还在辛勤地工作着。

皇城相府

皇城相府位于山西省东南部的晋城市北留镇境内，是清康熙年间的名相陈廷敬的故居，又叫"午亭山村"。

皇城相府建筑群分内城和外城两部分，有院落16座，房屋640间，总面积36580平方米。内城始建于1632年，有大型院落8座，为明代建筑风格。

外城完工于1703年，建有前堂后寝、左右内府、书院、花园、闺楼、管家院、望河亭等，布局讲究、雕刻精美。

康熙名相陈廷敬的宅邸

地处太行山腹地的山西省阳城县北留镇，有一座城堡式建筑群，它依山而筑，城墙雄伟，房屋朴实典雅、错落有致。

它便是我国清朝康熙皇帝的老师、《康熙字典》的总裁官、文渊阁大学士光禄大夫兼吏部尚书、清代名相陈廷敬的故居皇城相府。

■ 皇城相府正门

■ 陈廷敬墓地

说起这位陈廷敬，他可是我国清代一位了不起的人物。

据说，陈廷敬原名陈敬，祖辈为郭峪村名门望族，1658年，年仅20岁的陈敬考中进士，因为同榜进士中有两位陈敬，为易于区分，顺治皇帝在朝廷上亲自为其更名，在他的名字中间加上了一个廷字。

古人相信，人的名字可以决定他的人生际遇，顺治皇帝的这一小小改动，便成为这位新科进士人生命运的重大契机。

此后的54年间，陈廷敬平步青云，喧极一时，成为康熙皇帝的政治导师与肱股重臣，先后封官进爵28次，作为一个汉族人，历任除兵部以外的其他五部尚书、侍郎等职。

由于陈廷敬与康熙皇帝有师生关系，为此，康熙帝对老师极为重视，并曾两次去陈廷敬的宅邸做客。

光禄大夫 官名。大夫为皇帝近臣，分为中大夫、太中大夫、谏大夫，无固定员数，亦无固定职务，依皇帝诏命行事。汉武帝时改中大夫为光禄大夫，为掌议论之官，大夫中以光禄大夫最显要。西汉后期，九卿等高官多由光禄大夫升迁上来。皇城相府的主人陈廷敬便担任过此官。

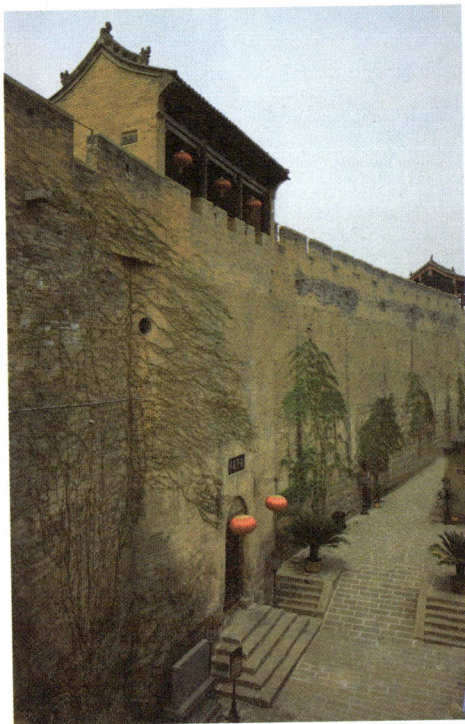

■ 皇城相府城防

陈廷敬的宅邸，原名"中道庄"，康熙帝光临此地后，为它赐名并亲笔御书"午亭山村"。后人习惯称为"皇城相府"。

这座宅邸是一座枕山依水、坐东朝西的小城。该城由内城和外城组成。在陈廷敬出生前，这里的内城便已存在。

据说，这里最初只是一座官宦府，始建于明宣德年间，由陈廷敬的太祖父、明嘉靖朝陕西按察使陈天佑建于17世纪初。后来，又由陈廷敬的伯父陈昌言于1633年，为避难而扩建，名为"斗筑居"。

内城城墙东西相距约70米，南北相距160米，设五门，墙头遍设垛口，重要部位筑堡楼，并在东北、东南角制高点建有供奉义士关公塑像的春秋阁，以及供奉我国古代传说主宰文运功名的神祇文昌帝塑像的文昌阁。

城墙内四周设有藏兵洞，也称屯兵洞，计五层125间窑洞，用砖石砌就，是内城核心防御建筑河山楼的附属工程。

藏兵洞因地制宜，层层递进，洞间三五相连，层间暗道相通，出入方便，直达城头。攻防兼备，主要在战时用来驻扎家丁和垛夫。

内城北部便是河山楼，建于1632年，是皇城相府的标志性建筑，也是皇城相府中最高的建筑。

河山楼高达七层含地下一层，楼平面呈长方形，长15米，宽10米，高23米。楼外墙整齐划一，内部则逐层递减。整个河山楼只在南向辟一拱门，门设两道，为防火用。

外门为石门，门后施以杠栓可同时容纳千余人避难，如此的高度与规模在明清建筑中极为少见。更为难得的是，这样一座砖石高层建筑，历经近四百年的风雨沧桑，仍旧巍然屹立，雄踞一方，周边至今没有超越其高度的建筑。

作为一座民用军事防御堡垒，河山楼的设计非常科学，考虑极为周全。河山楼三层以上才设有窗户，进入堡垒的石门高悬于二层之上，通过吊桥与地面相通。

在第三层中间的窗户，也与别的不同，据说，此口是河山楼的通道，有人出入河山

吊桥 又称悬索桥，由悬索，桥塔，吊杆，锚锭，加劲梁及桥面系所组成。是由承受拉力的悬索作为主要承重构件的桥梁。吊桥的跨越能力是各种桥梁体系中最大的。按加劲梁的刚度，吊桥又可分为柔性与刚性两种。

■ 高大的河山楼

■ 皇城相府内的雕塑

楼，可以从此口放下软梯，供攀爬出入。

在河山楼的楼顶，还建有垛口和堞楼，便于瞭望敌情保卫城堡，底层深入地下，开辟有秘密地道，便于转移逃生。河山楼内还备有水井、碾子、石磨等生活设施，储备有大量粮食，以应付可能出现的长期围困。

河山楼虽因避战乱而兴建，但其在和平时期，却仍可作观赏览胜之用，故而又名"风月楼"。

除了藏兵洞和河山楼，在皇城相府的内城建筑，还有祠庙、民宅和官宦邸三类。这些建筑风格迥异，其中，祠庙建筑有陈氏宗祠，民居有麒麟院、世德居和树德居，官宦私邸有容山公府和御史府等。

陈氏宗祠里面供奉的是陈氏先祖的牌位。祠堂正门的两侧悬挂着一副后来乾隆皇帝对陈家明清两代人

碾子 是用人力或畜力把高粱、谷子、稻子等谷物脱壳或把米碾碎成子或面粉的石制工具。其是由长约70厘米、直径约60厘米的圆柱形碾砣子和承载它的直径约170厘米的碾盘构成。碾盘架在石头或土坯等搭成的台子上。

才辈出高度概括的对联：

德积一门九进士；
恩荣三世六翰林。

麒麟院是皇城相府最早期的建筑，它创建于明宣德年间，曾经数次改修重建，最终形成后来的格局。

在1632年，陈氏一族避难于河山楼时将器具、马匹均藏于该处，幸免于劫，为此，陈氏族人认为此地乃祥瑞之所，又因此院门边的石兽和门前的影壁均有麒麟图案，俗称"麒麟院"。

麒麟院的正堂里面挂着一块匾额，上面写着遒劲有力的3个大字"荣德宫"。

麒麟 亦作骐麟，简称麟，是我国古籍中记载的一种动物，其与凤、龟、龙共称为"四灵"。因为古人把麒麟当作仁兽、瑞兽，所以在我国古代神话传说中被誉为神仙的坐骑。皇城相府中的麒麟院中，有很多以此动物为原型的石刻图案。

■ 相府内的对联

■ 相府一角

明三暗五 是我国古代民居常见的一种形式。是五间房，中间三间房是通的，从外表看中间一扇门，两旁两扇窗，左右两间卧室比中间三间长，并左右两边各有一扇门。如此一来，从正面看，就像是3个门，而从后面看，则是5个门。

内城民居世德居，又名世德院，由3个院落构成，建于明正德年间，距今已有400余年，是皇城相府内现存最早的建筑。

明朝末年，陈廷敬的父亲陈昌期成为这里的主人，1638年，陈廷敬出生在该院。

该院落为东西向的两个并列四合院，主院由正房、厢房和倒座围合而成。正房为三层楼房，采用"明三暗五"形式。第一层的西房为陈廷敬的出生地，第二层为藏书楼，第三层为藏版楼。

厢房和倒座均为二层楼，院落四角为封闭或开敞的天井。

这种建筑形制极其独特，与我国云南"合五天井"民居有某些类似之处。院内地面以素砖枵条石铺筑，主院西北天井辟门与偏院相通，门内不设影壁。

陈廷敬出生后，与他的8个兄弟及堂兄陈元先后在这里接受陈昌期的儒学教育，并走上仕途，为此，世德居被誉为是陈氏家族兴旺繁荣的发祥地。

树德居，又名树德院，位居内城之东北角，建于明嘉靖年间。院落大体形制均与世德院类同。偏院布局同主院基本相同。

内城的官宦私邸容山公府坐北朝南，由前后两进院落组成。每院一正两厢，所有房屋均为硬山式双层出檐屋顶，前院为会客室，后院为内宅。是陈氏六世祖、陈家家族中第一位进士陈天佑的府第，别称"肃政廉访"。

内城的另一官宦私邸御史府，是陈廷敬的伯父陈昌言的故居。因其官职为都察院御史，故称"御史府"。由于地理位置有限，御史府的主体建筑被建成并列两院，左为庭堂，右为内宅。正门楼牌上记有"台谏清风"4个大字，见证陈氏一族光明磊落、清正廉洁之气节。

陈昌言是陈氏家族的第二位进士，他的儿子陈元，则是陈家的第四位进士。

内城城门上的"斗筑可居"匾额即是陈昌言的手笔，"斗筑"意思是说城堡狭小形似斗状，"可居"表示保安求全安身之地。

这4个字充分表达了遭逢乱世的陈氏家族对平安生活的渴望与祈盼。

除了御史府，在相府内城，陈廷敬的伯父还有一座名为"中和居"的院子。此

■ 相府中的小巷

■ 皇城相府"中和居"门额

《康熙字典》
是一部采用部首分类法，按笔画排列单字，字典全书分为12集，以12地支标志，每集又分为上、中、下三卷，并按韵母、声调以及音节分类排列韵母表及其对应汉字，共收录汉字47035个的汉语辞典，为汉字研究的主要参考文献之一。是清朝康熙年间张玉书、陈廷敬等30多位著名学者奉旨编写的。

院不大，是个典型的四合院，大门门楣上，挂着一块写有"中和居"3个大字的匾额。院内的一间正房和两间厢房均为面阔三间的二层楼建筑。

据说，陈昌言一生信奉"中和"两字，所以将自己的院子命名为中和居。特别值得一提的是，在相府内城，还有一座著名的止园花园，这是陈氏家族最大的一处园林，占地近11000平方米，院内有小亭、池塘、假山和廊道，是相府主人经常召集文人墨客饮酒作诗和陶冶情操之地。

在此花园内，还有一座书院，名为南书院，又名"止园书堂"。此书堂创建于清顺治年间，为两进院落，规模宏大，主体建筑是一座三层楼，两旁的厢房为两座二层楼。此地是皇城陈氏子弟们学文习儒科举仕进的摇篮。

再说辅佐康熙51年的陈廷敬，他不仅是一位为奠定康乾盛世做出重要贡献的政治家，更是清初的大学者，除了自己的《午亭文编》等多部著作传世之外，还负责主持编撰了我国历代收字最多的《康熙字典》，他的儿子陈壮履也参与了这一文化工程，父子同修一部字典，一时被传为佳话。

陈廷敬一生备极荣恩，康熙皇帝称其为"全人"，在花甲之年还为其御笔题写了"午亭山村"匾额和楹联：

春归乔木浓荫茂；

秋到黄花晚节香。

并对陈廷敬表示，这是他最后一次为臣子题字。由此一来，可以看出，陈廷敬在康熙帝心目中的地位是非常重要的。

阅读链接

据说，皇城相府的另一名称为"黄城"。传说，陈廷敬当朝廷官员以后，常住在北京，而他的老母亲非常想去北京看他。陈廷敬考虑到母亲年事已高，千里奔波难免劳顿，于是就说：不用来了，我在中道庄给您修一个小北京就行了。

于是，陈廷敬便在陈家内城的基础上修建了一座外城。外城的城墙按照北京城墙修建。不久，朝中有人弹劾说，陈廷敬在家乡修建皇城，意图谋反。

听说皇上要调查此事，陈廷敬马上派人提前赶回，将城墙全部涂成黄色。调查官员回京后禀报说，陈廷敬修的只是黄城而已，陈氏家族于是化险为夷。

陈廷敬亲自指挥扩建家园

话说，在陈廷敬当上朝廷命官以后，家族兴旺，在这种情况下，陈廷敬又开始组织人员在紧依内城西墙的基础上扩建了外城，并于1703年全部完工。

相府中的书房

这座外城基本呈正方形，比内城略短，城内主要建筑有外城城门和相府大院等。

外城城门也叫中道庄，同时也是皇城相府的正门，城门上有3块匾：竖匾、中匾和下匾。意思是说，相府的主人历来恪守儒家的中庸之道，"中"者，不高不下，不偏不倚。

其中，竖匾上写着"相府"两字；中匾写着"天恩世德"，意为上承皇恩，广积世德，这是1699年陈廷敬直接嵌于庄门上；下匾则为"中道庄"三字。

在城门的大门上，还有七七四十九个铜制门钉，这表明陈家只比皇家少一排铜钉，地位仅次于皇族。由于这座城门名为中道庄，所以后人也习惯称相府的外城为中道庄。

相府大院，是陈廷敬的宅第，又名"大学士第"，俗称宰相府或相府院，这是一处坐北向南的一进四院。整个建筑布局为前堂后寝、小姐院、西花园和管家院等。

在相府院的最前方，是一座面阔3间的"冢宰第"大门，门额上写有"冢宰第"3个字，其中"第"是封建社会贵族官僚的宅院，因此"冢宰第"

■ 皇城相府匾额

门钉 在我国的古建筑中，尤其是在北京的宫殿、坛庙、府邸等古建筑的大门上，都有纵横排列的门钉。这些门钉不仅是装饰品，而且体现着封建的等级制度。在我国古代，以"九"为大、为尊，所以皇家建筑每扇门的门钉是横九路、竖九路，一共是九九八十一个钉。

■ 皇城相府大学士第

是指相府院。最初在相府院的大门上只挂有"冢宰第"，4年以后，陈廷敬官拜文渊阁大学士兼吏部尚书，于是又在大门上换成了"大学士第"的匾额。

由于陈廷敬又担任了都察院左都御史，所以在"大学士第"匾额之下，又立有一块"总宪府"匾额。

相府院的第一大门高大，威严壮观。在此门后面，有一个雕工精美的影壁，正中雕刻的是"麒麟吐玉"，寓意陈氏子孙后代繁荣昌盛、吉祥如意。

影壁两边的民间八宝和四艺吉祥图案，显示出主人的风雅、高贵和门第的尊荣显赫。其中民间八宝是8种民间传说中的祥瑞之物。是指和合、玉鱼、鼓板、盘、龙门、灵芝、松与鹤。四艺是指琴、棋、书、画四门技巧。

影壁东折为一狭小庭院，东侧为如意门，门内通往东书院，南面为一倒座，北为相府的二门，即所谓的仪门。

吏部尚书 我国古代官名，是吏部的最高长官，为中央六部尚书之首。掌管全国官吏的任免、考课、升降、调动、封勋等事务。唐宋是正三品，明朝是正二品，清朝为从一品。通常称为天官、冢宰、太宰。

这仪门面宽3间，中间之门是正门，是主人和贵宾的通道，平时关闭，只有在皇帝驾临或朝中一定级别的官员造访时，才开启通行，寻常文武百官和普通人只能从两侧的偏门，按照左文右武的顺序出入。

仪门顶屋檐下，清楚分明地悬挂着"相府"牌匾，门额正方镶嵌着"天恩世德"4个字，意思是皇天恩宠，陈氏家族世代以德相报。

仪门的内侧还设有八字砖雕影壁，分别为鹿、鹤、桐、松、花、鸟图形，寓意六合同春、禄在眼前、福寿双全、松鹤延年。

相府大院的大门和二门的位置不在同一中轴线上，这是因为陈廷敬修建府第时是按照前堂后寝、东书院、西花园的格局修建，因此当地老百姓称为"皇城小故宫"。

松鹤延年 常出现于我国古代房屋建筑当中。其中"松"是百木之长，长青不朽，是长寿和有志有节的象征。而"鹤"为长寿之鸟，被誉为高洁、清雅的象征，因此松鹤延年表现出祈福祝寿之意。

■ 皇城相府点翰堂

■ 皇城相府砖雕

屏风 是古时建筑物内部挡风用的一种家具。屏风作为传统家具的重要组成部分，历史由来已久。屏风一般陈设于室内的显著位置，起到分隔、美化、挡风、协调等作用。它与古典家具相互辉映，相得益彰，浑然一体，成为家居装饰不可分割的整体，呈现出一种和谐之美、宁静之美。

相府院二门内为一宽敞的方形庭院，正北大堂为相府大院的主要建筑。

这大堂原是相府的会客大厅，自从康熙皇帝御赐"点翰堂"匾额后，改名为"点翰堂"。大厅上方悬挂着3块匾额，中间的一块是"点翰堂"3个大字，是康熙三十九年御赐的龙匾。

在点翰堂匾额下，还放着一个古色古香的屏风，雕刻之精细，做工之精美，足见陈廷敬为官时，其风光的一面，同时也可以看出陈廷敬的博学多才和极高的艺术鉴赏水平。

据说，陈廷敬不仅为官清正，而且对于国之方略，天文地理，风土人情，古代文明，及诗歌作赋，都很在行，非同一般。

点翰堂是翰林院掌院大学士点定文章的地方。这是康熙皇帝对陈廷敬多次作为会试主考官，为国家大量选拔栋梁之才的褒奖。

"点翰堂"两边的御匾"博文约礼"与"龙飞凤舞"均是康熙御赐。

"博文约礼"是康熙皇帝赞美陈廷敬文学才华博大精深，以礼自重，品格高尚。而"龙飞凤舞"则是称誉陈廷敬的人品及其书法气韵奔放、舒展洒脱，并含有龙为君、凤为臣、凤随龙舞、君臣和睦、纲常有序的寓意，反映了陈廷敬与康熙皇帝浓浓的师生情谊与君臣关系。

在此御匾的两边，还有陈廷敬外出时康熙皇帝赐给他的半副銮驾，由此可见，康熙皇帝对陈廷敬的信任和器重。

屏风左右两边，还有陈廷敬任各部首脑的官阶牌，表明陈廷敬一生忠于朝廷，勤于政务，多次被皇帝委以重任。

相府东房是陈廷敬的起居室，陈廷敬在长达53年的京官生涯中，只回家3次，均在此居住。

西房是陈廷敬的书房，桌上放有文房四宝，墙上挂着用红木做的梅、兰、竹、菊4块墙屏，象征着主

■ 点翰堂内景

■ 皇城相府厅堂

脊兽 是我国古代建筑屋顶屋脊上所安放的兽件。它们按类别分为跑兽、垂兽、"仙人"及鸱吻，合称"脊兽"。其中正脊上安放吻兽或望兽，垂脊上安放垂兽，戗脊上安放戗兽，另在屋脊边缘处安放仙人走兽。

人严谨自谦、做人为官的品德。同时，在此室内南侧还放有琴、棋等，显示出了陈廷敬除了有高超的文学素养之外，琴棋书画也样样精通。

相府正厅往北为相府后院，院内的正房中间，挂着康熙皇帝中年时的一幅画像，这幅画像以及两边的诗作，都是康熙皇帝赐给陈廷敬的。

据说，康熙两次来皇城相府，就是在此室会见当地官员的。陈氏后人，为纪念皇恩浩荡，特在康熙所住之所保存原样。作为帝王的临时居住地，这间屋内陈设虽说大为精简，但其气派却是富丽堂皇，所用之物也甚为讲究。

相府后院的东厢房有陈廷敬的诗作和书法。西厢房摆放的是陈廷敬在朝为官期间所写给皇上的奏折。

相府后院，还有一个西侧门，从此门进入，可通往陈廷敬3个女儿居住和活动的地方——小姐院。

院内的北房是陈家小姐的起居室小姐绣楼，东西厢房则是女仆和贴身丫鬟的住处。其中，小姐绣楼屋顶的建筑式样，叫作"卷棚顶"，前后屋坡的相交处呈弧形曲面，没有屋脊和脊兽，好像一张巨大的弓俯卧在屋顶上。

我国传统建筑中屋顶的形式很多，总共有7种，分别是庑殿顶、歇山顶、悬山顶、硬山顶、攒尖顶、卷棚顶和盝顶。其中以重檐庑殿顶和重檐歇山顶的等级最高，其次为单檐庑殿顶和单檐歇山顶。

卷棚顶是等级较低的一种形式，但是它线条柔和、造型优美，常被用在皇家园林建筑中，在传统民居建筑中是很少见的。

小姐院采用卷棚顶的屋顶形式，有两层寓意，一层寓意着陈家子女必须温柔贤淑、恪守妇道。另一层

庑殿顶 即庑殿式屋顶，由于屋顶有四面斜坡，又略微向内凹陷形成弧度，故又常称为"四阿顶"，宋朝称其为"庑殿"，清朝称其为"庑殿"或"五脊殿"。庑殿顶最早出现于先秦时期。在商代的甲骨文、周代铜器、汉画像石与明器、北朝石窟中都有反映。

■ 皇城相府中的书斋

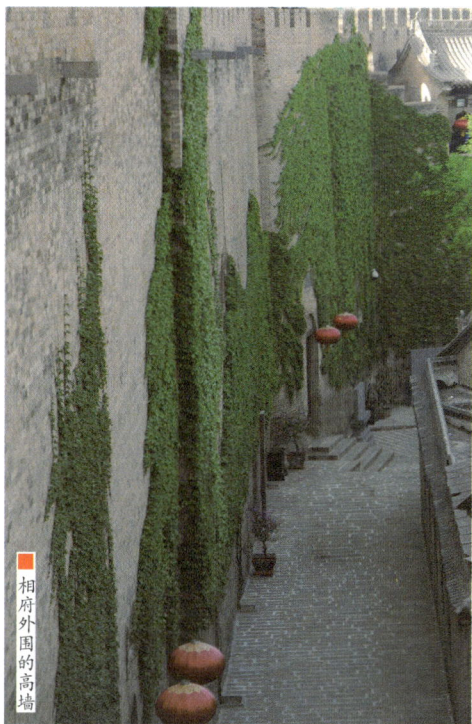
相府外围的高墙

显示出陈家崇尚男尊女卑的封建伦理道德观念。

小姐院的南房为过厅，与风景优美的西花园相通。西花园也称慕园，"慕"在这里意为依恋、思念。

这个园子，是陈廷敬为去世的父亲而修建的，因位于宰相府西侧，故也叫西花园或后花园。

后花园的大门是一个月亮门，内有假山、鱼池、回廊、花圃交相辉映，面积虽小，但构思巧妙，建造精美，是小姐们吟诗作画与鼓瑟抚琴的地方。

在这个小姐院内，还有一个可以通往外城墙的踏道，从踏道上去，便是外城墙的望河楼，楼上有一亭，名为望河亭。

这是相府的女眷们观赏城外风光的亭台。在我国古代，受传统礼教约束，大家闺秀不得随便出入居所，为派遣心中郁闷，女人们只好站在亭内远望相府外的景色，因此取名为"望河亭"。

在相府院内，还有一座管家院，是相府管家办事和居住的地方。这里的房舍均为单层结构，简洁质朴，与装饰华美的主体建筑形成鲜明的对比，使封建社会"尊卑有分，上下有序"的传统礼制观念得到充分的体现。

管家院的门楣上镌刻"笃诚"两字，这是相府选拔管家人才的用人标准。此外，在管家院的旁边，还有一座东书院，是陈氏家族子弟读书学习的场所。

书院是一座坐北面南的两进院落，但在前后两院的东南角上各有一个大门，看来好似两个各自独立的四合院。

纵观整个相府大院，院内斗拱、门窗、楼栏、影壁、柱础等装饰构件工艺精湛，雕工极佳，整个院落气势不凡，富丽堂皇，风格幽雅别致，成为一处"宫文化"的封建礼制与地方传统工艺完美结合的典范。

清朝康熙年间，在陈廷敬扩建了相府外城的第二年，陈廷敬又命人在外城的城门内，修建了一座功德牌坊。

此牌坊建于1704年。牌坊为四柱三楼式，楼柱两侧置夹杆石，下枋上雕二龙戏珠，其上花坊、中枋直至定坊均饰吉祥图案，高浮雕。各枋间施牌匾和字牌。牌坊中间嵌板上为："冢宰总宪"4个字，

门楣 就是正门上方门框上部的横梁，一般都是粗重实木制就。古代按照建制，只有朝廷官吏所居府邸才能在正门之上标示门楣，一般平民百姓是不准有门楣的，哪怕主人是大户人家、富甲一方，没有官面上的身份也一样不能在宅门上标示门楣。

■ 皇城相府绣楼

■ 皇城相府后花园

吻兽 又名鸱尾、鸱吻，一般被认为是龙生九子中之一，平生好吞，即殿脊的兽头之形。在我国古代建筑中，"五脊六兽"只有官家才能拥有。其是泥土烧制而成的小兽，被请到皇宫、庙宇和达官贵族的屋顶上。由于它喜欢东张西望，经常被安排在建筑物的屋脊上，做张口吞脊状，并有一剑以固定之。

边楼分刻"一门衍泽"与"五世承恩"。

正楼主牌"冢宰总宪"，边楼分刻"一门衍泽"与"五世承恩"。"冢宰"是宰相的别称，为百官之首。"总宪"是都察院左都御史的别称。

在"冢宰总宪"下方有四格文字，从下至上分别镌刻着陈廷敬及其父亲、祖父、曾祖父的官职和功名，其中最为显赫的就是最下方一格陈廷敬所任官职的具体名称。定枋上施仿木构斗棋屋檐，正脊两端设吻兽，脊刹饰麒麟。整座牌楼看起来雄伟庄重，制作精美。

在离这座楼牌的不远处，还有两柱一楼式小牌楼，规模和装饰虽较逊色，但在大牌楼建成之前，仍不失为陈氏家族敬宗耀族、传世显荣的一个主要标志性建筑。

建筑这座牌楼的时间要追溯到陈廷敬乡试中举之年。其正面刻有"陕西汉中府西乡县尉陈秀"至"儒林郎浙江道监察御史陈昌言"等六人的名字和官职，而背面则刻有"嘉靖甲辰科进士陈天佑"至"顺治丁酉科举人陈敬"等六人的科举功名。

其中，陈天佑是陈氏家族中的第一个进士，他的爷爷陈秀则是陈家历史上第一个外出做官的。而陈昌言则是在陈廷敬之前家族中最大的官，先为明朝御史，后入清廷，担任提督江南学政，不仅文章做得好，字也写得十分漂亮，同时在皇城内城中还存有很多出自他手笔的碑文。

1704年，陈廷敬在相府内扩建了外城以后，整个相府的总面积达到36000多平方米，有大型院落19座，房屋880余间，设9道城门，四通八达。形成了外城抱内城，内外连环套，稳固保安全的坚固堡垒，城墙总长1700余米，平均高度12米，宽2.5米至3米不等、城楼、堞楼、角楼相互关照，垛口星罗棋布，组

提督 我国古代武职的官名。是负责统辖一省陆路或水路的官兵。提督通常为清朝各省绿营最高主管官，称得上是封疆大吏，若以职能分，提督分为陆路提督与水师提督，掌管区城达一省至两省数万平方千米，甚至数十万平方千米。

■ 皇城相府的家居

成了一道坚固的防御线。

整个皇城包括内城"斗筑居"和外城"中道庄"。从整体平面来看，似一头北尾南的神龟，虽不能说惟妙惟肖，却也轮廓鲜明，因而又有"龟城"之说，寓千年永固之意。

整个皇城相府的建筑特征是：依山就势、随形生变、层楼叠院、错落有致、古朴庄严、浑厚坚固。

作为明清时期的礼制性建筑，皇城相府内的每一座院落、每一处建筑都包含着深厚的文化内涵。然而，就建筑本身来讲，由于时跨明清两代，故而表现出明显不同的风格。

因此，内城为明代遗构，其建筑设计古朴粗犷，浑厚坚固，给人以奇特的神秘之感。外城为清代所建，其建筑布局沿袭了清代前堂后寝的规则，并在建筑风格上彰显了"正一品光禄大夫"的尊贵，给人以富丽堂皇的印象。

这些古老的建筑，被誉为"东方古堡""中国北方第一文化巨族之宅"，给中华民族留下了一笔丰厚而值得研究的历史文化遗产。

大宅揽胜

宏大气派的大户宅第

阅读链接

在皇城相府一角，有一座小楼名为"悟因楼"，这是陈廷敬的第二个儿子陈豫朋的女儿陈静渊居住和生活的地方。关于此楼的修建，还有一段极为悲凉的故事。

陈静渊自幼聪颖，才华出众，是康熙年间山西两位著名女诗人中的一位。她17岁时嫁给河北沧州官至礼部郎中的卫封沛。但不料婚后两年，丈夫便暴病而亡。陈静渊料理完丈夫的后事含泪回到了娘家，打算重新组合自己的家庭，开始新的生活。但她的父亲却决不允许自己的女儿重嫁他人。

为了让女儿不再有"非分"之想，陈豫朋专门在陈家相府内修建了"悟因楼"让其悟却前因。最终，陈静渊在悟因楼抑郁而死，年仅22岁。

陈壮履为父亲建御书楼

1712年，皇城相府的主人陈廷敬病危，康熙皇帝遣太医前往诊视。

一个月后，陈廷敬病逝，终年73岁。康熙率大臣侍卫祭奠，并令各部院的满汉大臣前往吊祭。康熙皇帝还亲笔写了挽诗，赐祭葬典礼，十分隆重，谥为"文贞"。

后来，陈廷敬的三儿子陈壮履为了纪念父亲，在相府外城的城门外，修建了一座飞檐走壁的"御书楼"。

此楼于1714年修成，因楼

皇城相府砖画

内珍藏有康熙皇帝御笔而得名。在御书楼上方有"午亭山村"匾额，左右两边还有康熙皇帝晚年为陈廷敬所题的楹联：

春归乔木浓荫茂；
秋到黄花晚节香。

"午亭"是陈廷敬的晚号，用他的晚号为其故居命名，是康熙皇帝对陈廷敬作为辅弼良臣的最高奖赏。在"午亭山村"匾额上方还有一块玉玺大印，上面刻有"康熙御书之宝"。

御书楼，面宽3间房，进深2间房，单檐歇山顶，上面覆盖着与故宫相同的明黄色琉璃瓦，端庄富丽，金碧辉煌，体现了皇帝御赐无与伦比的尊贵。

当时康熙皇帝已年近花甲，这些也是他的封笔题字，并且这楹联也有着深刻寓意，是说陈廷敬青壮年的时候，事业有成，就像浓荫翁郁的乔木一样，是国家的栋梁之材。

陈廷敬去世后，他的家人把他的遗体埋放在位于皇城相府北约

大宅揽胜

宏大气派的大户宅第

皇城相府《午壁林泉》

■ 皇城相府御书楼

500米处的静坪山坳，这块墓地后来被命名为"紫云阡"。

此墓地占地16000平方米，主要建筑有石牌坊、御书挽诗碑亭、10通高大的神道碑、4对石像生和陈廷敬坟墓等。

其中，在神道前整齐地竖立着康熙帝御制的挽诗碑和十通神道碑林，上面镌刻着朝廷对陈廷敬卓越功绩的屡次表彰及逝世前后特殊礼遇的记载。

后山静坪、红叶如画，是旧时皇城八景之一，环境幽雅，肃穆壮观。

皇城相府历史人文底蕴厚重，保存完整的康熙帝在陈廷敬病重期间和病故后亲赐的御碑，表达了康熙对陈廷敬的敬重，是对陈廷敬生荣死贵的最好记录。这里，御碑之多、御书之富、保留之完整，为

石像生 也称"翁仲"，是我国古人在陵墓前安设的石人或石兽的统称。一般多设置在古代帝王陵墓前。这种做法开始于秦汉时，此后历代帝王、重臣沿用不衰。石像生的作用，主要是显示墓主的身份等级地位，也有驱邪、镇墓的含义。

皇城相府紫云阡碑林

大宅揽胜

宏大气派的大户宅第

国内少见。它不仅是一幅古代"自然山水画",更是一座具有强烈人文精神的东方古城堡。

这里虽没有桂林山水的清灵秀美,没有泰山的挺拔巍峨,没有故宫的庄严神圣,但这里却是中华文明古国的一个缩影,这里有着许多引以为豪的历史遗迹,这里就是依山就势、宏伟壮观的皇城相府。

阅读链接

据说,皇城相府中的御书楼是相府众多建筑中规格最高的建筑。为什么这样说呢?这里有三个原因。

第一是因为它的所在位置在相府中,处于最"抢眼"的第一高。

第二是它的名字"御书"两字,和其他的同类建筑相比,此名字的地位也处于最高。

第三是此建筑屋顶覆盖的琉璃瓦是与故宫相同的明黄色,这种瓦的使用也是非常特殊了。

陕北大庄园

姜氏庄园

　　姜氏庄园，位于陕西省米脂县城东的桥河岔乡刘家峁村，是陕北大财主姜耀祖于清光绪年间投巨资历时16年亲自监修的私宅。

　　姜氏庄园砖、木、石三雕艺术十分讲究，整座庄园无处不雕，无处不琢，大至整个建筑设计，小到各个微小装置，都有数不尽的"雕"艺术，这些都充分说明庄主的聪明才智和文化内涵，体现出独具匠心的建筑科技和历史艺术价值。

姜家父子始建姜氏庄园

　　姜耀祖是我国20世纪初时陕北一带富甲一方的大财主，他拥有土地上万亩，年贮粮数千石，可谓财源广进，积蓄丰厚，但姜家的兴旺不是起自姜耀祖，而是始于其祖父姜安邦。

■ 窑洞人家

■ 窑洞民居

据说，姜安邦务农出身，特别能吃苦。起初在陕北米脂县杨家沟地主马良家揽工干活儿，勤勉谨慎，深得主家好感，把女儿许配给姜安邦为妻，并资助一些钱物。

姜安邦有点资本后，一是扩大商业经营，加快周转；二是放高利贷；三是借灾年粮贵地贱收买土地，到其鼎盛时期独自占有土地便有约800万平方米。

在姜安邦发家致富期间，他还生养了4个儿子，前三子无后，只是第四子姜锦瑭有继。分家时，姜锦瑭分得部分土地和大部分产业。

姜锦瑭和他父亲一样，不仅精明能干，而且还勤俭节约。家中虽有雇工干活儿，但自己从来都不摆出少爷的架子，而是和雇工一起上山劳动，一起修缮窑洞。

在姜锦瑭的辛勤劳动下，他不仅聚敛了很多财

千石 石是我国古代的一种单位。用于容量单位，十斗为一石；用于重量单位，120斤为一石；用于地积单位，具体数量各地不一，有以十亩为一石的，也有以一亩为一石的。千石作为粮食单位，为12万斤。

■ 窑洞生活

富，而且在米脂城附近的很多镇上都有他的生意。

到姜锦塘晚年时，他又喜得一子，取名为姜耀祖。因为是老年得子，姜耀祖被视为姜家的掌上明珠。

在姜耀祖很小的时候，姜锦塘就送他到私塾读书，因姜耀祖天资聪慧，过目成诵，尤其爱好诗词，故被老师称为可造之材。然而很可惜的是，由于姜锦塘年事渐高，姜耀祖不得不较早辍学，替老父掌管家业。

此时，姜锦塘正在做一项大工程，那就是为姜家人修建一座大宅子。

姜锦塘请风水先生勘察选址，最终选定在牛脊梁向阳山湾作为姜氏庄园的基地，并于1871年破土兴工。

由于姜锦塘年老体衰，不胜操劳，当自己的儿子开始掌管家业以后，他便把庄园的修建事项交付于姜耀祖实施。

姜耀祖雇用了县内东乡马鸣骏、王宝贵、李凤飞等许多名工巧匠。普通工匠主要是本村农民，通常上工数十人，用粮食当工钱，加上人工伙食，一年耗粮食上千石。

庄园建造前，施工人员先削崖劈山，再打井砌墙，由下而上依山傍岭逐层修建。

姜耀祖不仅聪慧达观，而且在修建中，他还经常遍访各地的名门豪宅和晋中富室，汲取各处优秀的建筑特点，并和自己请来的大匠师们边设计边兴造，为此，庄园的一切布置都独出心裁，巧妙地将陕北黄土高原传统的窑洞结构与京城、晋中的四合院模式融为一体，逐步形成以窑洞四合院为主体的建筑群体。

风水 本为相地之术。相传风水的创始人是九天玄女，比较完善的风水学问起源于战国时代。风水的核心思想是人与大自然的和谐，早期的风水主要关乎宫殿、住宅、村落、墓地的选址、坐向、建设等，是选择合适地方的一门学问。

■ 陕北窑洞

涵洞 是设于路基下的排水孔道，通常由洞身、洞口建筑两大部分组成。其作用与桥相同，但一般孔径较小，形状有管形、箱形及拱形等。此外，涵洞还是一种洞穴式水利设施，有闸门用于调节水量。

同时，姜耀祖还与各地的名匠、专家会商，设计出前有寨墙、上中下3层相连的套院形式，从下而上逐年有序施工。经过了16年的漫长岁月，用工约20万人，终于在1886年竣工落成。

这座庄院以石建筑为主，无论是寨墙、涵洞、拱窑的垒砌，道路、台阶、院落的铺设，石锅台、石炕栏、石床、石仓的安置，还是门墩石狮、门额石刻、穿廊挑石的精雕，石水槽、石鱼水道、石马槽、拴马桩的雕刻，都达到了出神入化的境界，无不体现石料的合理应用和工艺处理。

其水磨砖雕人物形象、鹤鹿松竹、流云花草、造型图饰，皆栩栩如生，活灵活现。门庭木刻彩绘花形、窗棂窗扇、枋额匾牌，也都与主体搭配得宜。

庄院采取北京四合院构造，结合陕北窑洞特色而建。它磅礴大气，集实用性与艺术性于一体。其设

■ 姜氏庄园内景

窑洞土炕

计巧妙，施工严密，布局合理，浑然紧凑，对外严于防卫，院内通连方便，室内冬暖夏凉，起居舒适得宜，是西部高原窑洞建筑的光辉范例、石雕砖雕与木刻砖塑建筑艺术的集中展示，让陕北民间工匠技术在这里得到了高度发挥。

姜耀祖一生最大的建树就是修造了这座耗粮上万石的大型庄园，因为此庄园是作为姜家人的私宅而修建的，所以大家称它为姜氏庄园。

此庄园建成的数十年间，该宅院主要由姜耀祖及子孙居住。

阅读链接

据说，姜氏庄院所在地米脂县内的姜姓始祖为姜弼臣，字思政，华阴县东班庄人，本是一位技艺高超的木匠，大约在明嘉靖年间因故流落米脂，住县城南文屏山下的南寺坡，娶妻班氏。

300多年后，姜氏已繁衍到几十世，后人遍及米脂附近的刘家峁、姜兴庄、桥沟、沙坪上、七里庙等十几个村庄。

刘家峁村以姜姓住户为主，族系纷繁，第十二世姜耀祖是重要一支。

姜耀祖的曾祖父姜怀德是姜家的第九世，据说，他年轻时曾中过武举。

城堡式窑洞的内部建筑

　　姜氏庄园位于陕西省米脂县城东的桥河岔乡刘家峁村，是陕北地区最大的财主姜耀祖于清光绪年间投巨资亲自监修的私家宅院。

　　此庄园依山就势，背山面水，负阴抱阳，规模宏大，占地面积达

姜氏庄园生活复原模型

■ 姜氏庄园生活复原模型

26000多平方米，由上、中、下三院和碾磨院、葡萄院、鸡鸭棚、库房、井楼、炮台和寨墙等部分组成，整个建筑为砖石结构，是全国最大的城堡式窑洞庄园。

庄园有365个台阶，此台阶的数目正好是一年的天数，具有一年四季天天吉祥，岁岁平安，步步登高之美意。

整座庄园的寨墙都是用大石块所砌成的，其寨墙高9.5米，宽24.3米，在寨墙的下方还有一座石拱形寨门，门额上方镶有姜耀祖手书的"大岳屏藩"4个石刻大字，其字体遒劲浑厚，寓意为庄园有如大岳一般的屏障，可以保障庄园的绝对安全。

另外，这4个字还巧妙地隐含了两代主人的名字。其中"岳"字隐喻了姜耀祖，"藩"字隐喻了姜耀祖的长子姜树藩，而"大"在这里作形容词，喻示主人有大山一般的实力和气度，能"福泽子孙，荫庇后世"。

进入寨门最先看到的是，在它的东侧建有一孔与寨墙连为一体的井窑，此井窑高5米，东西宽4米，在其上方还横置两根木椽，此木椽是家主乘坐的轿子闲置时，为了防止潮湿而设计在空中的吊放梁架，

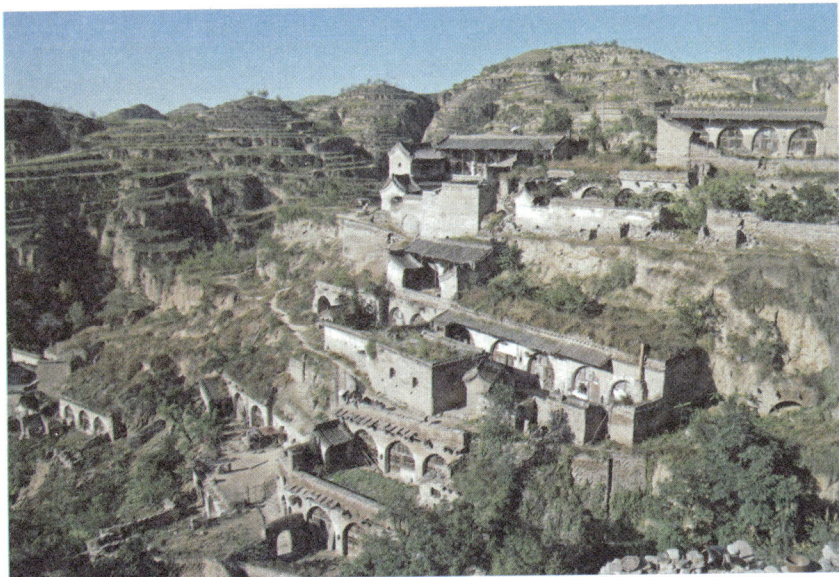

■ 民居窑洞

并且在梁架的顶部还箍有两个石锁。

那么，为何梁架的顶部会箍有两个石锁呢？据说，姜家乃武举世家，姜耀祖为了让他的儿子习武练功，特意请来武教师，将其练武所有的沙袋吊置在这两个石锁上，因此梁架的顶部才会箍有两个石锁。

离井窑不远处，还有一口深井，其井深33.3米，井口设有手摇辘轳是用来汲水的，水源引自山下的泉眼，其水质十分甘甜爽口。

关于此井口的结构于寨墙之内的深井，有着3个特殊的意义：其一不出宅院就能方便用水；其二可以保证井水卫生；其三能防止他人在井内投毒，因此即使被困宅院数月,也无饮水之忧。

深井的左边有个高1米，宽2米的巨形贮水石槽，此石槽做工精细，在石槽的顶部还留有一方口，据说是上院用人从石槽内取水的一个道口，上面同样装有

武举 是我国古代科举考试制度中的武科，目的是选拔军事人才。唐朝时武则天于702年开始推行，考试内容包括箭、弓、刀、石等。以后宋、明、清等朝都有武举。相对于文科考试，中武举者称为武举人，武举第一则称为武状元。

手摇辘轳，具有二级提水的功能。

在石槽的附近还有一孔小圆窑，也就是门房。小圆窑的顶部也留有一小方口，其目的是让绳子从方口穿过，如遇匪徒、盗贼袭击时，门卫便拉响炮台上的铜铃报警，全院立即进入戒备状态或藏入窨子，由此可见，井窑整体设施都具有双重或多重功能，可谓设计巧妙，功能颇多，匠心独运。

在井窑的北边是姜氏庄园的第一层院落——下院，此院也叫管家院，宽15.3米，深10米，是我国陕北典型的窑洞四合院。其特点是宽大于深，即敞亮、通风、纳阳极佳，又给人以恢宏大气的感觉。

下院的前方有一座用水磨青砖所砌筑的大门，猫头滴水，五脊六兽硬山顶，墀头砖雕"福禄寿喜""狮子滚绣球""五福捧寿""寿桃"等图案，雕刻精致，栩栩如生，包含了家主期盼永久富贵，延年

窨子 是陕北人在山崖绝壁上开凿出的石洞，洞口很小，一般仅容一两人进出，里面却别有一番天地，小的10多平方米，大的几十上百平方米不等。其悬在半山腰没有进出的路，只能靠绳索吊着出入。是用来躲避强盗、土匪的避难场所。

■ 姜氏外院

益寿，万事如意的愿望。

在大门的门额上方还悬挂着"大夫第"木雕金匾。"大夫第"3个字，是由清朝五大书法家之一史年佑所题，可见当年的家主既有一定社会地位，同时也注重名人效应。

在门额上方不仅有木雕金匾，还有一对"寿桃"门簪，此门簪既牢固连接门杠，又起装饰作用，因此还具有 "福如东海长流水，寿比南山不老松"之寓意，并且在门额下方的门洞两侧还有一对抱鼓石墩，此石墩与"寿桃"门簪相互对应，又称"门当户对"。

下院的正后方为三孔窑洞，是管家居住的，而两侧的六孔厢窑有的作塾房，有的供用人居住，北侧窑腿上有一小圆门是通往中院和上院的阶梯暗道，也是用人行走和小少爷们上下学的通道。

从下院的西侧经过石砌涵道，便可到达庄园的第

■ 窑洞远景图

■ 窑洞古城

二部分——中院。

　　庄园的中院宽18.9米，深16米，其门庭仍以水磨青砖构建，猫头滴水，五脊六兽硬山顶，脊饰"祥云瑞草"，墀头砖雕"福禄寿喜""天官赐福""麒麟送子""万象更新""缠枝牡丹"等图案，寓意福禄祯祥，子嗣兴旺，富贵不断。

　　中院的门内是水磨青砖影壁"旭日"门，寓意旭日普照，如日中天。栱眼壁饰砖雕"文王访贤"图案，表示家主同姜太公一样"怀才隐居"，一旦机遇到来，便可"出将入相"。另外，姜太公在此，也有"百无禁忌，大吉大利"之意。

　　内额栱眼壁砖雕上有"赤炼丹心"图，从表面来看，"炼丹"是求长生不老，实则是表达了家主怀有报效朝廷的一片丹心。

　　在中院门内的两侧还有3间大厢房和一间小耳房，大厢房是用于接待贵客的房屋，也称东厢房，小

猫头滴水是一种土陶制品，是古人用手工捏制的房屋防雨建材。不过，它们的作用不是主要用于防雨，而是起点缀装饰作用的。猫头：顾名思义形似一个猫的脸，它主要装饰在房檐上。滴水的形状像一个舌头，主要放在猫头的两边。在屋檐上设置这两个建筑，可以帮助屋顶排水。

■ 陕北窑洞

耳房是用于接待一般宾客的房屋，也称西厢房。

东厢房比西厢房稍高20厘米，这微小的尺度变化在庞大的宅群中并不明显，常人难以觉察，但是为什么要这样建造呢？据说，这是按照古代"昭穆之制"，左为尊位，东为上位的习俗而作，是一种等级观念的体现，符合东大西小的理念。

在东厢房的墀头中间，还有一幅名为"鼠食葡萄"的图案，此图亦有深意，其中，鼠乃属相之首，子鼠为先，寓意子嗣兴旺，但同时它也包含"大"和"尊"的意思，而葡萄为紫色，寓意"紫气东来"，因此"鼠食葡萄"图，具有子嗣吉祥如意的含义。

沿着中院的东厢房向上走，便可到达上院。

上院为姜氏庄园的主宅，宽19.2米，深17.10米，布局为"明五暗四六厢窑"式窑洞院落，这在陕北属于最高等级的宅院。

昭穆之制 源于我国古书中的《周礼》规范。"昭穆"是古代义的宗法制度，规定的就是在宗庙和墓地的一辈人和一辈人的排列次序，始祖居中，二世、四世、六世在始祖左边，为昭。三世、五世、七世在右边，为穆。

那么，什么是"明五暗四六厢窑"式窑洞院落呢？其中，"明五"是指正面台阶上的5孔石窑，也称为上窑，是主人居住的地方，它的含义为"五子登科"。

"暗四"是指上窑两旁的套院，俗称暗4间，它的含义是"四喜盈门"，是主人的厨院和库房。

"六厢窑"是指两侧的6孔窑洞，它的含义是"六六大顺"，是晚辈居住之地。这"明五暗四六厢窑"合数为十五，无论是分是合，均取单数，单数是增，双数为圆，希望人口增加，财产增值，隐含"人财两旺"的寓意。

同时，上院属于坐东向西的方位，顶部穿廊抱厦，檐头砌十字花墙，每孔窑宽11尺，进深25尺，室内每孔窑都有过洞相通，并且均设有火炕、暖阁、壁橱等，看起来十分讲究。

■ 下沉式窑洞

不过，在上院之中最为讲究的设计是垂花门，垂花门为整座宅院的精品，属于砖木结构，其建筑特点为柱梁门框举架，双瓣驼峰托枋，同时，门上还刻有雕花与彩绘，在门的上方还镶嵌着一块名为"武魁"的匾额，此匾额是彰显姜耀祖的曾祖父于1822年高中第17名武举之荣耀。

上院之所以有如此精美的设计，是因为这里是家主起居之所，因此装修设计自然与其他院落不同，并且，在院子中央还设有两张石床，石床的两侧还有家主亲手栽植的两棵老槐树。

据说，这两棵老槐树长得枝繁叶茂，绿树成荫。因此不论是烈日炎炎的中午，还是在繁星点点的夜晚，家主都可以在大石床上悠闲自得、安然惬意地乘凉休息。

不过，在石床下部还凿有一座石槽，石槽内部可注入清水，不仅可以起到纳凉的作用，还可以起到阻止各种蛇虫鼠蚁的侵扰。

由此可见，姜氏庄园的整个建筑设计奇妙，工艺精湛，布局合理，浑然一体，不仅是我国最大的城堡式窑洞庄园，也是汉民族建筑的瑰宝之一。

大宅揽胜

宏大气派的大户宅第

阅读链接

在姜氏庄园中，曾流传着一个关于"不弯腰"的故事。据说，当年修葺寨墙的一老石匠见姜耀祖从坡下走上来，心中有意刁难他，便将自己手中的钢錾落于墙下，想让姜耀祖捡起来拿给自己。

姜耀祖看到钢錾落于自己的脚前，只是"嘿嘿"一笑，对老石匠说："修这宅院我连腰也不用弯，你老慢慢歇着，歇够了自己来捡！"说罢便扬长而去。

老石匠说："这可真是不弯腰的姜财主！"

从这个故事中不难看出姜耀祖的财大气粗，因此当年修葺此宅院，曾耗费小米9000余石，每年食盐多达一石之重。

康百万庄园

康百万庄园，位于河南省巩义市康店镇，始建于明末清初，由于它背依邙山，面临洛水，因而有"金龟探水"的美称。

康百万庄园临街建楼房，靠崖筑窑洞，四周修寨墙，濒河设码头，融农、官、商的风格为一体，布局严谨，气势宏大，是一处典型的17世纪至18世纪封建堡垒式建筑。

同时，此庄园还有很多石雕、木雕和砖雕，这些雕刻多以人物、花草和鸟兽为主，有"冠上加冠"与半夜拜师等雕刻图案，具有深刻的寓意和浓郁的生活气息。

始建于明朝中期的古老庄园

　　康百万庄园究竟是谁修建的呢？此庄园的名字又是如何得来的呢？其实，"康百万"并不是指某一个具体的人，而是一个家族的统称。

　　康百万家族，以财取天下之抱负，利逐四海之气概，创业于明代，渐兴于清初，乾隆时进入全盛，咸丰以后逐渐没落。

河南康百万庄园景区

康百万庄园建筑

在整个康氏家族中，上自六世祖康绍敬，下至十八世康庭兰，一直富裕了12代、400多年，历史上更有康大勇、康道平、康鸿猷等数十人被称之为"康百万"，其中最具代表性的是康鸿猷。

那么，为何说康鸿猷是最具代表性的呢？这是因为康百万之名的来历和康鸿猷有着密不可分的关系。

据说，在光绪末年，慈禧太后和光绪帝曾经到过河南。当时，河南正在闹饥荒，当地知府无力接待这两位皇族，便让康鸿猷出资迎驾。

由于康鸿猷不知道慈禧太后和光绪皇帝是走水路还是旱路，因此做了两手准备，第一手准备是在东黑石关修建了一座行宫，并在洛河上驾起了一座浮桥。

第二手准备是在巩县的洛河边上建造了5艘龙船，为了停泊这5艘大船，又特意在南窑湾村北洛水东岸建船坞5座，俗称龙窑。

船坞 是用于修造船舶的水上建筑物的。布置在修造船厂内，主要用于船舶修理。船坞是造船厂中修、造船舶的工作平台，是修理和建造船舶的场所。也是船厂中经人工处理的用于修造船的场地设施，船舶的建造和大修就是在船坞中进行的。船坞是我国宋朝人张平发明的。

由于当时洛河发大水，慈禧没有走水路，因此到河南巩义之后，建造的5艘龙船并没有发挥什么巨大的作用，慈禧太后和光绪帝只在康鸿猷修建的行宫里居住了一晚。

在第二天临走之前，康鸿猷为了讨好慈禧太后，还通过太后身边的太监李莲英向慈禧太后捐献了万两白银，慈禧太后见到康鸿猷捐献的万两白银后十分高兴，就随即说了一句"不知此地还有百万富翁"，因此，"康百万"这个封号就因康鸿猷为讨好慈禧，后借慈禧的金口而名扬天下了。

虽说"康百万"的封号是出于清末，但康百万庄园却始建于明朝中期，在初建的过程中，为了体现其身份，大兴土木，建造了庞大的庄园。

全庄园由19部分组成，占地约16万平方米，是一座庄重气派、华丽典雅、集"古、大、雅、美"于一体的恢弘建筑群，更被后人称为17世纪至18世纪华北

■ 康百万的灵璧寿石

河南康百万庄园人物蜡像

黄土高原封建堡垒。

并且，在建造此庄园的过程中，逐步形成了寺沟、张沟等明代楼院，后又出现龙窝沟、寨上主宅区、南大院、栈房区、店铺、饲养区、祠堂、木材厂、造船厂、金谷寨等不同功能的清代建筑，同时还有碑楼、牌坊、花园等辅助建筑，从而形成了一个依山傍水、错落有致、功能齐全、气势宏伟的大庄园。

阅读链接

据说，康氏家族发迹始于贩盐业。明朝时期，康家第六世祖"康绍敬"在地方水陆交通、盐业和税务等方面担任要职，而明朝已经允许私人介入贩盐业。

到了清朝时期，康氏家族通过各种手段取得了长达10年与布匹有关的军需品订单，在这之前康家还垄断了陕西的布市。

同时，康氏家族又靠造船业发财、靠土地致富，康家的船行洛河、黄河、运河、泾河、渭河、沂河，后人说康家的船达3000艘；他的土地商铺遍及附近鲁、陕、豫3省的8个县，达18万亩，在1773年和1847年分别收到了来自清廷和同乡送给的"良田千顷"的牌匾。

古风古韵的庄园内部建筑群

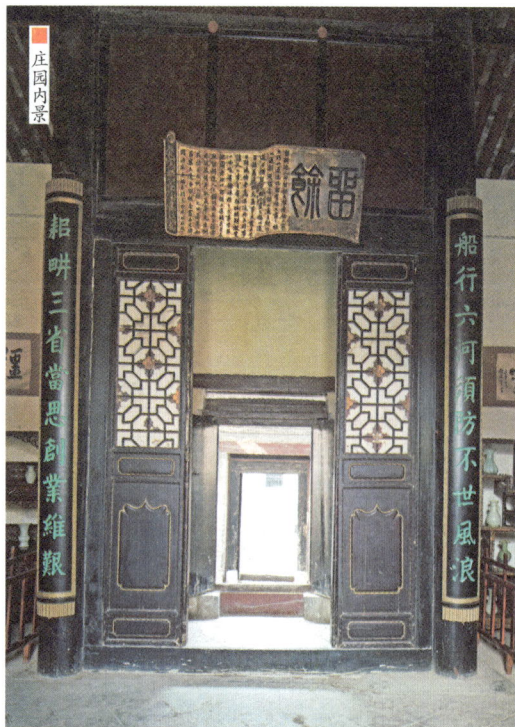

庄园内景

绍畔三省當思創業維艱

船行六河須防不世風浪

康百万庄园依据"天人合一、道法自然"的传统理念选址，临街建楼房，靠山筑窑洞，滨河设码头，据险垒寨墙，既保留了黄土高原民居和北方四合院的形式，又吸收了官府、园林和军事堡垒建筑的特点，还融我国南方与北方的建筑特色于一体，是我国中原民居中最有代表性的古建筑群。

庄园里此类古建筑群体的数量众多，其中有

310个生活区、31处院子和73个窑洞，但是令人吃惊的是，如此庞大的建筑群仅有一个入口。没有知情认路人带领，陌生人极难找到出口，弯弯曲曲地穿行在庄园里，宛如走进了一个大迷宫。

■ 康百万庄园牌坊

康百万庄园的建筑风格与绝大部分有钱人家所建的房屋不同，它的大门入口可以与古代的城门媲美，入口两侧均有主墙相依。门里还有一个仿照北京长城的瞭望台而建的居高临下的观景台，因此，康家庄的建筑风格真可谓别具一格。

进入庄园内部，拾级而上便来到观景台。在观景台的不远处就是康家的厨房。康家本是一个大家族，平日里总是宾朋满堂，因此康家的厨房十分大，只有这样才能解决众多人口的吃饭问题。同时，厨房里干活的人也十分多，自然是热闹非凡，嘈杂无比。

然而，康家的书房却恰恰挨着厨房，这一点实在让人困惑不解，热闹嘈杂的厨房和安详静宜的书房竟

中原大家宅 康百万庄园

天人合一 是我国古代的一种哲学思想，在儒、道、释三家中均有阐述。其基本思想是人类的生理、伦理、政治等社会现象是自然的直接反映。在道家来看，天是自然，人是自然的一部分，所谓的"有人，天也；有天，亦天也。"这种思想最早起源于春秋战国时期，汉朝董仲舒引申为天人感应之说，程朱理学引申为天理之说。

■ 河南康百万庄园中的铜香炉

然互为惠邻，这或许是康家为了锻炼子孙读书的定力，让他们体会乱中取静之意吧！

同时，与大院内其他建筑相比，康家书房的内部装饰显得十分简单，这与其他豪华富丽的建筑形成了鲜明的对比。

在书院的外部，还建有两个小亭子和一些枯萎、古老的花木，这些古老的花木在无形中给康家大院平添了几分伤感。

书房东边是康家画室，其画室中所有的家具都镶嵌有闪闪发光的宝石，并且在画室东墙上还镶挂着明清著名书法家的作品，西墙上挂着一件清朝官服和一把康氏后人康英奎平时练功习武时用的宝剑。

书房的西边是放置祖先牌位的灵堂。在灵堂中有着许多精美的神龛和有关祖先生卒的碑刻。据说，雕刻每块碑刻都要花费一个石匠3个月的工夫，因此康家灵堂内的每块碑刻都十分珍贵。

在灵堂的不远处则是康家的普通生活区。此区内有两大奇观，第一大奇观是由书法雕刻集中的窑洞，此洞内的两侧共有16通与成人一般高大的石碑，石碑上面全部雕刻着赞扬家主的"慈悲善良"与"慷慨大方"的内容。

第二大奇观是窑洞窗户上的木雕。每处镂空的木雕都有一种"横看成岭侧成峰，远近高低各不同"的绝妙印象，并且，此窑洞还是主人居住的地方。

在窑洞内，有一张楠木床，此床在当时那个年代，属于万里挑一、精美绝伦的珍品。据说，它是由当年最著名的5位木雕工匠费时3年雕刻而成，它的华美精致甚至可以跟皇上的龙榻相媲美。

在床的左下方是一个高1米、长1.5米的木车，此木车是用来接送庄园的女眷们去厕所的工具。

在我国古代，女人要缠足的，然而这三寸金莲的小脚使女人们无法长距离行走，而厕所一般是建在大院最偏僻的地方，所以这个木车就成了接送小姐、姑娘们往返厕所和卧室的专用交通工具。

三寸金莲 是我国古代妇女的一种裹足习惯。在我国古代，人们常把裹过的脚称为"莲"，而不同大小的脚是不同等级的"莲"，大于4寸的为铁莲，4寸的为银莲，而只有3寸则为金莲。

■ 河南康百万庄园庭院

宏大气派的大厅宅第

■ 康百万更房

翰林 是皇帝的
文学侍从官，翰
林院从唐朝时期
起开始设立，始
为供职具有艺能
人士的机构，但
自唐玄宗后演变
成了专门起草机
密诏制的重要机
构，院里任职的
人称为翰林学
士。明、清改从
进士中选拔。

在木车的右边则放着几双小姐们曾经穿过的前边尖、后跟高、面上绣有精美图案的小脚鞋子。

在此窑洞的后面，便是康家饭厅。其饭厅的右侧放着一张供8人进膳的方桌。因为康家十分迷信，相信生死由命，富贵在天，所以只要有算命先生造访，他们必定要用此餐具招待一番。

他们相信这样做会给全家带来好运和财富。如有贵宾造访，康家主人则会依照满、汉传统举行大型的宴请，这种场合常常要用餐具108件，具有好运连连之意。

从饭厅出来，一直向东走就可以到达康家的东院。在东院的第三道门内的大厅里悬挂着"留有余"匾，此匾乃是我国名匾之一，也是康氏家族教育后代的家训匾。

此匾上的题字"留有余"具有不尽之巧以还造

化、不尽之禄以还朝廷、不尽之财以还百姓和不尽之福以还子孙之意，并且此匾还是由清朝翰林牛暄所撰写。

在康百万庄园内有很多类似"留有余"这样的匾文，此类匾文都体现了儒家"财不可露尽，势不可使尽"中庸之道的思想，这种思想在康百万资助朝廷、修黄河大堤、建学堂、赈济灾民等方面均有体现。

另外，庄园内道院门上诸如"居贵敬""行贵简"之类的题词，都表现了康家为人处世的准则，就是表明康家的人要在日常生活中注意修养，外出待人接物直率诚信，仪表穿戴要简朴大方。

在庄园内，除了东院建筑群，还有康家商业活动的大本营——栈房区，它是康家当时的商业活动场所，融仓库、办公和做生意为一体，当年康家在全国各地设立有功能各异的栈房，同时有"四老相公"和"八大相公"分管各个栈房，形成一个金字塔式的管理机构。

这个栈房区是康家的商务总部，这里依山傍水，同时又依住宅区近码头，它是整个康家数百年来经济发展的重要核心部分。

栈房区修建于1885年至1892年，原有6个大院和一个占地25亩的饲养棚和遛马场，总占地3600多平方米，历经风雨沧桑后保存下来的由

■ 康百万庄园中的牌匾

康百万庄园"颂戬毂"门

豫西 地处晋豫大峡谷以南，南阳盆地以北，以平原为主。是指河南省内、省会郑州以西地区，包括洛阳、三门峡、平顶山三个城市，即洛、虢、鹰三市。西接陕西，东靠中原，北依太行，南邻黄河。位处亚欧大陆桥东段。

东向西依次为顺记、魁记、崇义德3个基本完整的四合院式大院，大约2000平方米。

栈房区的建筑特点是17世纪和18世纪清中晚期典型的豫西建筑风格，尚属二进式门院，木、石、砖三雕相互贯通互为一体，雕龙画栋，寓意深长。

不少有关民间传说故事的石雕在栈房区随处可见，经历上百年的历史这些石雕依然完好无损，雕刻的字体轮廓依然醒目美观。

康百万栈房的一个最大特点就是无处不在的匾额楹联，这些匾额楹联所洋溢出浓郁的豫商文化气息，充分显示着主人的身份与品位，也是栈房区的独到之处。

其中，在顺记大院的大门门匾上刻有"洛作智水"4个字。"洛"是智慧的象征，"水"是康家经商的重要载体之一。

当年，康家就是靠漕运起家，兴家，发家，经营盐业、粮食、棉花、布匹的，所以"洛作智水"就寓意康家明理通达，生意像洛河水一样源远流长。大门的左右两边还有两副这样的楹联：

厚农资商农商皆是本；
重信守义信义全在人。

审时度势诚信至上商之本；
化智为利化利入义贾之本。

进入大门后，便是顺记大院的迎客厅。这里是康家人用来接待各方来客以及康家各地栈房大小相公的，是负责商业信息上传下达的地方。

在大厅内，有块形如书卷的匾额，匾上所书的是

中原大家宅

康百万庄园

漕运 是我国历史上一项重要的经济制度。就是利用水道调运粮食的一种专业运输。古代时历代封建王朝将征自田赋的部分粮食经水路解往京师或其他指定地点的运输方式。水路不通处辅以陆运，多用车载，故又合称"转漕"或"漕辇"。这种粮食称漕粮，漕粮的运输称漕运。

■ 康百万庄园内对联

康百万庄园照壁

1714年康熙颁布的圣谕，内容为：

朕视商民皆赤子，无论事之巨细，俱当代为熟筹。

意思为：无论是商人或是农民，都是我的子民，无论大事小事，我都会仔细筹划，并且一视同仁去对待。康熙皇帝在位61年，他的一生立志要做成3件大事，那就是撤藩、治理黄河和发展漕运。

康家第十二代庄园主康大勇紧抓机遇，大力发展漕运，从而改变了传统的"仕不经商"的观念，利用门前洛河之便，把生意从洛河走向黄河进而走向全国，从而盛极一时。

整个迎客厅被隔断分为外厅和内厅，凡来访客人先到外客厅，如有要事就到内厅和老相公商谈，如果

洛河 古称雒水，黄河支流之一。发源于陕西省蓝田县境华山南麓，流经洛南、卢氏、洛阳，于巩县境入黄河，洛河是我国原始农业起源最早地区之一。传说周时已有水利灌溉，东汉开阳渠引洛为漕，隋建通津渠，明修大明渠，清时继有发展。

事关重大，再由老相公反映给康百万的东家。

客房内厅放有一个圆形的桌子，这是用来谈生意时客人和东家观看样货和放置样货的地方。

平日里，这张桌子都是一分为二放置在两边，如果双方洽谈成功时两个桌子对在一起，表示生意圆满成功。此外，半圆桌还可以节省空间，让人看起来既实用，又美观。

还有一种说法，就是通过屋中桌子的摆放，可以判断男主人是否在家，桌子分开表示主人不在家。合一块，说明男主人在家。

迎客厅是康家的形象窗口，康家刻意布置这个待客厅，厅内家具、书画、文房四宝、工艺品、茶具、茶叶等配套齐全。从中体现豫商"崇尚中庸、低调内敛"的儒家风范，体现豫商"留余"的独特个性。

除了这间迎客厅，在顺记大院内，还有几间厢房。在顺记大院旁边，便是栈房区的魁记院。

在此院的大门处，右边门匾上写着"审时"，左边门匾上写着"度势"，这是康家时时提醒在做生意时要综观大局，讲策略论技

康百万庄园石狮子

明明撿點萬緣惟有讀書高

暗暗思量百計不如陰騭好

康百万庄园更房

巧，稳中求胜。

大门内，便是魁记院的贵宾客房，这是用于安排来访贵宾安歇的地方。在此房间内，还有两副楹联写道：

友以义交情可久；
财以道取利方长。

货属商通富若陶朱何让；
利由义取贤如端木堪师。

室内家具配套齐全，加上墙上字画的点缀，洋溢出一片宁静，温馨的气息，体现康家主人对客人无微不至的关怀。和顺记大院一样，除魁记院内的其中两间厢房外，在魁记院还有几间特殊的厢房。

一间是康家总务主管办公的地方庶务室。

据说，康家鼎盛时期有四老相公、八大相公，三十二相公，无数的小相公，拥有近二百个呈现金字塔式的管理体系，老相公是康家的经营主管，大相公是各个分区的负责人，相公是各个栈房的负责人，小相公则是业务人员或者是比较重要的勤杂人员。

而这间庶务室内的主管则是掌管康家营缮工程、财产购置、管理维护以及栈房维修、出纳、相公、仆人薪金、休假、日常生活安排管理等事务。

同时，康百万为了巩固康家的根基，发展康家的商业市场，也公开向社会招聘相公，招收饱学之士，为此，庶务室也作为康家选拔经商人才的地方。

另一间是康家的账房，也是康家四大朝臣之一的账房主管单独审阅、办理账务的场所。

设置这个单间对于完善康家财务状况意义重大，桌子上摆放有文房四宝、算盘、记事板、烛台、边墙上悬挂着账本，后面是椅子、档案柜等配套设施。

一张小床、茶具、面盆等生活用品，这些不经常使用的东西，恰恰表现了老先生尽职尽责的工作态度。

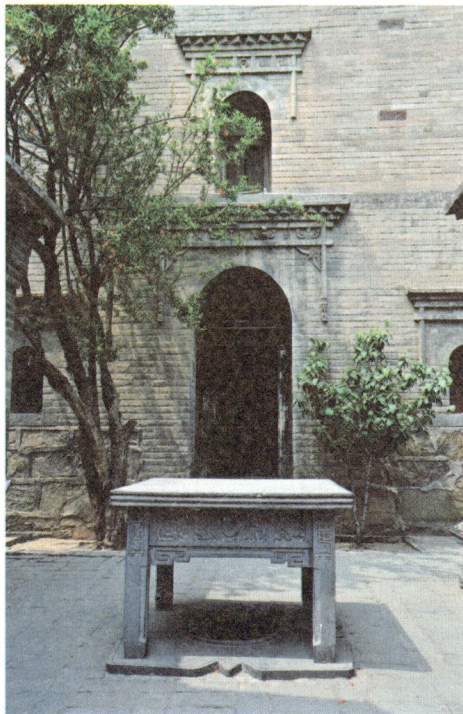

■ 康百万庄园中的石桌

挂屏 就是悬挂在墙上的屏风，这种屏风最早出现在清代。挂屏轻巧而古典，大气而经典。挂屏可大可小，都有着不同的美感。可以用挂屏制作对联，也可以在进门处或沙发背后放置山水类挂屏，这种屏风象征靠山的意义。

还有一间为辨银室，是康家老相公传授小相公辨银秘诀、经验以及使用金钱秒决、办理大型账务手续的地方。

辨银室旁边，还有一间厢房，是相公述职房，这是康家外地相公回来向老相公及康百万汇报生意时住宿的地方。

康家在外地共有32位相公，他们经常回来向东家汇报生意情况，这就是他们临时居住的地方，相当于后来的客房。

在魁记院内，还有一间仓库房。房内分为上下两层，上层放一些比较轻的物品，摆放有南方的绸缎、瓷器、茶叶，陕西的棉花布匹、药材等实物。下层多为一些不易搬运的货物，摆放有山东的食盐，南方的生漆、米酒，陕西的粮食、辣椒，河南的木材、土产、白酒等实物。

栈房区的崇义德院内，由义周仁里室、积德行善房、芝兰室、议事厅、金银库和先贤堂等房间组成。其中，积德行善房则是康家十七代庄园园主康建勋的行医馆。

而芝兰室则是庄园内临时接待重要人员座谈小议的地方，也是康百万梳理商务、捕捉商机、深悟商理的起居处。

芝兰室的厅内西墙面有木雕挂屏，房内顶子床、家具等一应俱全。看似简洁整齐，却真实突出了儒商康百万爽朗认真、灵敏细致的个性。在芝兰室门外，还有两副有趣的楹联，上面写道：

一念不邪方寸地中唯种德；
万缘归正九重天上自生春。

暗暗思量百计不如阴骘好；
明明检点万般唯有读书高。

崇义德院内的议事厅，是各地来访客人在此休息、临时商议的地方，厅内茶具、书桌等一应俱全，从中体现了主人对客人无微不至的关怀。

议事厅旁边，则是金银库，是康百万存放金银珠宝及贵重物品的地方。这里陈设了一些官窑瓷器、古

儒商 即为"儒"与"商"的结合体，既有儒者的道德和才智，又有商人的财富与成功，是儒者的楷模，商界的精英。一般认为，儒商有超功利的最终目标，有对社会发展的崇高责任感，有救世济民的远大抱负和忧患意识，追求达则兼善天下的结果。

■ 康百万庄园中的月门

官窑 是一个相对广义的概念。历代由朝廷专设的瓷窑均称"官窑",所产瓷器称为"官窑瓷"。"官窑瓷"分为两大类,狭义的指朝廷垄断,专窑专烧的,广义的则是由朝廷设定标准,用窑不限,即民窑也可烧造,但由朝廷派人按标准验收,合格者也称官窑瓷。

董、金银珠宝、银票、合同珠宝箱、博古架、清式板箱等用品。

栈房区的顺记、魁记、崇义德3个院落,向人们传达了当年康家敛财、理财的经商理念,让人们感受到康家曾经的辉煌不可一世。

除了栈房区,在康家庄园内,还有著名的南大院,这是康家发展鼎盛时期的象征和精品建筑文化集中体现的重要标志,也是一座展示康家品位和修养、展现家族在农、官、商公共关系处理中所处的独特地位和处世风格的重要场所。

南大院是康百万庄园唯一的一座结构严谨、规模宏大的官式建筑,康家曾在这里和30多位知县商议接驾慈禧的有关事宜,康家的繁华在这里可见一斑。

整个南大院由"中直主院""书带生庭院""敬直

■ 错落有致的建筑布局

仪方院"3部分组成，从这里，人们可以看到康家传承家学、教育子弟的深谋远虑、用心良苦，还可以感受到含而不露、直中藏幽的河洛建筑文化气息，更能体悟到妇女治家的精妙，领略到财富传承的奥秘。

■ 康百万庄园远景

在中直主院内，有著名的"经胒史华楼"，这是康百万庄园的藏书楼，也是康家为教育子孙而设立的家族公共图书馆。

大楼的门柱上，有一副楹联：

依墨绕书林求知求学求教；
借章探史翰解意解科解题。

意思说：在浩如烟海的书中，刻苦攻读，虚心请教；要学有所用，利用学到的知识，探寻研究学问，

知县 我国古代的官名。秦汉以来县令为一县的主官。宋常遣朝官为县的长官，管理一县行政，称"知县事"，简称"知县"。元朝县的主官改称县尹，明清以知县为一县的正式长官，正七品，俗称"七品芝麻官"。

举人 本意是被举荐之人。汉代没有考试制度，朝廷命令各地官员举荐贤才，因此以"举人"称被举荐的人。隋朝、唐朝、宋朝三代，被地方推举而赴京都应科举考试的人也称为"举人"。至明清时，则称乡试中试的人为举人，亦称为大会状、大春元。

提高自身修养，解决世事难题。

藏书楼体现了康家重视教育，重学厚学思想，也是崇尚河洛文化的历史见证，康氏家族子弟在这里可以遨游书海，濡染书香，以求科场夺冠，光宗耀祖。

南大院内的书带生庭院，是康家的私塾，也是康家子弟接受教育的场所。设立有儿童私塾，是康家的小孩接受启蒙教育的场所。

在这里，还设有青年学馆，是康家的青年读书学习以诗会友的地方。他们在这里接受家族寄托的厚望，刻苦攻读，担当起传承家族财富神话的任务，实现科场扬名，光宗耀祖的重任。

南大院内的教书先生房，是康家私塾先生的住所。康家重视教育，他们家的私塾先生都是聘请的当地的一些知名人士，大多都是举人的地位。其中比较出名的老师有孙涵三、赵凤鸣、康欲远等。他们为康家培育出了一些优秀人才，为康家发展做出了贡献。

■ 康百万庄园远景

除了这些基本建筑群，在康家庄园内，最引人注目的还有每间房屋的石柱子底座，这些石柱子具有支撑房顶的作用。

此种建筑方式可以使石柱免受潮湿的侵蚀，而这些六边形的底座则是由多年形成的水晶石所建造的，每个面上都刻有花卉和人物图案。

最富有想象力的是一个中间镂雕出来的人物，似乎整个石柱是由他们支撑起来的，人物雕刻栩栩如生，活泼可爱，整个结构还不失平衡。

不少民间传说的石雕在康家大院随处可见，即使此类石雕经历了上百年的风吹雨淋，也依然完好无损，雕刻的字体、轮廓依然醒目、美观。这都要归功于选料的精细考究。

康百万庄园现存很多石雕、木雕与砖雕，此类雕刻多以人物、花草、鸟兽为主，其中"冠上加

■ 康百万庄园中的碑刻

镂雕 亦称镂空、透雕。指在木、石、象牙、玉、陶瓷体等可以用来雕刻的材料上透雕出各种图案、花纹的一种技法。距今5000年前的新石器时代晚期，陶器上已有透雕圆孔为饰。汉代到魏晋时期的各式陶瓷香熏都有透雕纹饰。清乾隆时烧成镂空转心、转颈及镂空套瓶等作品，使这类工艺的水平达到了顶峰。

■ 康百万庄园中的石磨

冠"和"半夜拜师"就是以人物为主雕刻的图案。这些图案不仅刀法细腻、工艺纯熟，而且还具有深刻的寓意和浓郁的生活气息。

另外，在庄园内还有家具、珍玩和名人书画等珍贵文物，此类文物数量高达4000余件，有着深厚的历史积淀和丰富的艺术内涵。

阅读链接

康家是一个十分讲究风水的家族，这里还有一个关于康家风水的古老故事。

据说，明末的某一天，一艘小船自洛阳顺河而下，行至巩县康店渡口，日晚泊岸。一老者站立船头，西望之下，不禁暗叹。但见夕阳红云，烟霞氤氲处，邙山起伏如五龙朝天，中间一峰，正是金龟探海之势，真乃风水宝地。

于是，老者携带家小，弃舟登岸，访问村人，得知刚才所见之峰，名叫"五圣顶"，其下住一康姓人家。老者欣然投奔而去，并将女儿嫁与康家。

此后，康家日渐发达，家族兴旺，终成一方富豪。更有附衍者传出，那老者原是洛阳朱姓大户，因乱出奔，无意间发现此处宝地，不惜以女相嫁，卜居之地乃独占鳌头之相，且康朱相配，正是天合佳偶。

牟氏庄园，又称"牟二黑庄园"，坐落于山东省栖霞市城北古镇都村，是北方牟墨林家族几代人聚族而居的地方。

整个庄园建筑结构严谨，紧固敦实，雄伟庄重，是我国北方规模最大、全国保存最为完整、最具典型性的庄园。

牟氏庄园以其恢宏的规模、深沉的内涵，被诸多专家学者评价为"百年庄园之活化石"与"传统建筑之瑰宝"，同时，牟氏庄园还被后人誉为"中国民间小故宫"。

民间小故宫

牟氏庄园

牟之仪之子始建庄园日新堂

牟氏庄园又称"牟二黑庄园"，此庄园不仅规模恢宏，古朴壮观，而且还融集了我国历史文化、建筑文化和民俗文化之大成。

那么，如此恢宏壮观的牟氏庄园究竟是谁创建的呢？又是如何创

牟氏庄园小巷

■ 牟氏庄园厢房

建的呢？

关于牟氏庄园的创建，离不开一个叫作牟墨林的人，说到牟墨林，还要从牟墨林的祖父牟之仪说起。

牟之仪原居栖霞市的"悦心亭"，于1742年迁居到古镇都村后来的牟氏庄园处，在那里曾建草堂4间，即"小瀣草堂"，因此牟之仪成为牟氏庄园的第一代主人。

虽说牟之仪是牟氏庄园的第一代主人，但当时牟之仪的家境并不富裕，他18岁时丧父，与叔叔牟悌同住，关系如同父子，30岁承叔命而与叔叔分居。据牟氏第十四世牟愿相所著的《小瀣草堂古文集》中记载：

牟之仪三十岁承叔命分家，始从城内悦心亭徙居古镇都。

牟愿相（1760—1811），字宣肯，自号"铁李"。山东著名古文学家，栖霞古镇都人。他自幼聪明好学，善古文辞。中年随父牟绥居莱芜6年，所作诗、文数百篇。一生体弱多病，52岁病逝。所著《小瀣草堂诗集》，于逝后42年由海阳其婿李珏刊行。

法书 是在历史上能够长远流传，供后人作为楷模取法的书法，称为法书。法书不同于书法。法书是对古代名家墨迹的尊称，包含着书法作品之楷模的意思。法书是艺术境界极高的书法，与其相类似的，在国画领域也有"法绘"之称。

君顾内外萧然如寒士家，凡古鼎、法书、彝器、珍玩一概无有，甚至几案床榻之属，人家日用者皆无之。

乡居后，始稍稍置焉，多粗蠢无文饰，君亦安之，不以为拙也。

由此可以知道，牟之仪从小家境平穷、命运坎坷，即便如此，他也从未想过自暴自弃，而是在与叔叔分家后，自己从"悦心亭"迁居到古镇都村，并逐步发展和建设自己的家园。

在建设家园的过程中，由于当时的经济势力还达不到一定的规模，再加上他平时深居简出，不爱张扬，不闻世上乱事，对农业缺乏研究，也没有聚积财富的章法和手段，因此整个家园在建设的过程中，速

■ 牟氏庄园中的古树

■ 牟氏庄园中的对联

度十分缓慢，一直到他去世，土地增加的数量也十分有限。

在牟之仪去世后，他的5个儿子不仅分了家，而且每家还均分了约4万平方米的土地，其中牟之仪最小的儿子牟綧就是靠这4万平方米的土地起家的，成为牟氏家族日后暴发的奠基人。

虽说牟之仪去世时，牟綧才年仅7岁，但牟綧天性聪明，精通农业，经常贩运谷物，囤积居奇，并趁灾荒年青黄不接之际，外枭粮食卖钱置地。

据传，牟之仪与叔叔分家时，只有20万平方米的土地，但到牟綧的时候就已经置地达到六七十万平方米了，由此可以看出，牟綧的经营手段是非常精明的。

在拥有这么多土地以后，牟綧当然就想在自己的土地上修建房屋了，于是，牟綧带领着请来的工人，

几案 长桌子，也泛指桌子。人们常把几和案并称，是因为二者在形式和用途上难以划出截然不同的界限。"几"是古代人们坐时依凭的家具，"案"是人们进食、读书写字时使用的家具，其形式早已具备，而几案的名称则是后来才有的。

修建了牟氏庄园内最早的一组建筑群"日新堂"。

这座日新堂，俗称"老柜"，共六进5个院落，依次建门厅、道厅、客厅、双层寝楼、卧房、北群房及西群厢等，计有房屋89间。

"日新堂"建于1735年，那时周围还是一片荒野，建筑比较零落。直到后来牟綧之子牟墨林当家以后，才逐步形成规模。

日新堂成为牟墨林居住的院落后，庄园的许多重大决策都是在这里完成的，被看成是牟氏庄园的发祥地，牟墨林去世以后，这里一直被后世的长子长孙来继承，与其他院落相比，这里更有历史沧桑感。

日新堂的门厅又叫祭祀厅，这里是日新堂逢年过节祭祀祖先的场所。门前的一副楹联上写道：

专心唯危唯微唯精唯一；
非礼勿视勿听勿言勿动。

祭祀 指祭神、祭祖，根据宗教或者社会习俗的要求进行的具有象征意义的一系列行动或仪式。也被称为吉礼。祭祀典礼则是按着一定的仪式，向神灵致敬和献礼，以恭敬的动作膜拜它，请它帮助人们达成靠人力难以实现的愿望。

■ 牟氏庄园忠来堂

这体现了牟氏祖先对于子孙后代在读书做人时的严格要求。在那时，人们把祭祀看得很重要，以为是赡养的继续，是孝道的体现，因而就特别虔诚。

　　牟家作为大户人家，祭祀活动比一般人家更为隆重，更为烦琐，特别是在农历大年期间。不过，牟家在农历年期间的祭祀事务，不是他们的家人操办的，而是由本族一位通晓祭祀程序仪式的人代劳。

　　农历"腊八"这天，祭祀人就要来洒扫祠堂，赶做祭品；腊月二十三是农历"小年"，这一天要祭祀灶王爷，传说这天灶王爷要上天庭汇报各家各户一年来的表现。只有让他满意了，他在玉帝面前才肯多说好话，才能保证全家平安，就是所说的"上天言好事，下界保平安"，因此，祭祀是马虎不得的。

　　自腊月二十八开始，要每天3次给各路神仙上香，这是为了保证提前回家过年的先祖不受冷落；到了年三十晚上，估计列祖列宗全部到齐，这时厅内便香烟缭绕，烛光通明，牟氏后人纷纷前来祭奠叩拜，

灶王爷 也称灶神、灶君、灶公、灶母、东厨司命、灶司爷爷，是我国古代神话传说中的司饮食之神。晋以后则列为督察人间善恶的司命之神。自人类脱离茹毛饮血，发明火食以来，随着社会生产的发展，灶就逐渐与人类生活密切相关。崇拜灶神也就成为诸多拜神活动的一项重要内容。

以尽孝道。大年期间的祭祀活动要持续到农历的正月十五才告一段落，前后长达20多天。

日新堂中一堵用黑色石块砌成的石墙，是庄园墅墙中又一个特别样式，石墙布局是不规则状，宛如山路弯弯、溪流常常、别有趣味。

除了这间祭祀厅，在日新堂内，还有著名的日新堂大楼。此楼共有两层，始建于清朝雍正年间，面阔4间，一层有一正门，门上写有"堂乐宝"3个字。

在此大楼旁边，还有一件殡仪厅，在殡仪厅的后面，是庄园内的作坊，主要有酒坊、油坊和粉坊，原料来自地租，产品用于牟家人自己食用。

此外，在日新堂内，还有一棵古树，学名紫薇，俗称"百日红"，当地叫"痒痒树"。据说，这是牟綧的兄长亲手栽种的，至今已有200多年的树龄，仍然花势旺盛。当地人非常看重这棵古树，并加以崇拜。

"日新堂"是牟家的长子和长孙居住的地方。按照封建家规，长子长孙所继承祖业的份额要多于其他子孙，于是，"日新堂"便成为了庄园分支中最富有的一家。

134

大宅揽胜

宏大气派的大户宅第

阅读链接

尽管人们认为牟氏庄园内的第一建筑日新堂是牟之仪的长子牟綧带人始建的，但也有另一种说法认为，日新堂内的大楼是牟之仪修建的。

这座大楼自修建完成以来，便只传长子、长孙，不传其他子嗣，为此，当年年仅7岁的牟綧并没有分得这一房屋。直到成年后，牟綧通过自己的努力，成为自己的兄弟中最富有的一位，并在后来花钱从自己的侄子牟愿相手中买回了这座古老的大楼。

牟墨林之子建成庄园三院落

　　据说，牟氏庄园的第一代创建人牟綧活了71岁，在他去世时，他的儿子牟墨林25岁。

　　牟墨林，绰号"牟二黑"，生于1789年。他是牟氏庄园家族九代

牟氏庄园宝善堂外门

宝善堂门道

人农耕发家史中业绩最辉煌、名声最显赫的一位，也是牟氏庄园家族的主要代表人物。

牟墨林从小就给父亲当帮手，帮助父亲发了大财。在他当家时，他对如何发家致富已胸有成竹。他一手抓以地生利，一手抓以粮生利，使家境日益充盈，持续暴富。

为了炫耀门第，他对牟氏庄园内的日新堂进行了扩建，在老楼前后又新建了五排堂屋客厅和群房，形成了一个规模较大的住宅大院。他和家人居住在老楼后五间前有明柱走廊的堂屋里。

牟墨林居住的五间堂屋被后人称为"牟墨林故居"，在此屋的大门上，有一副对联：

墨守耕读呈陶富；
林立懿德诏封翁。

这座故居面阔5间，左右2间凸出，中间3间凹进，形如古锁。

牟墨林共有5个儿子，在儿子们分家时，他把自己亲手扩建的日新堂分给了自己的长子牟援。

同时，在牟墨林病故前后，为了适应分居的需要，牟墨林的儿子们又相继在牟氏庄园老宅院的周围，又建了3个宅院，被称为"宝善堂""西忠来"和"南忠来"。

其中，"宝善堂"为二儿子牟振所建，"西忠来"归三儿子牟擢所建，"南忠来"归四儿子牟探所建。

这几座宅子后来成为牟氏庄园的主体建筑，它们皆以中门相贯，侧有甬道相通，主体建筑均为二层小楼，主宅仪门居中，配以左右两厢，均为四合院型。

宝善堂建成于清光绪年间，位于老宅日新堂的西边，它包括一个四进院落和一个花园，共建房舍81间。

宝善堂厅堂又名"寿堂"，正中有一个大型的寿幛，此寿字由1支主干、9个分支，27朵牡丹组成。这是牟宗朴60大寿时，请湖南艺人历时一年刺绣而成的。

据说，当年牟宗朴大寿时，共庆了3天，宴客60余桌，极尽奢华。

在这寿幛的两边，还有当年宾客送的几块匾额，有"椿树长荣""花甲重新"和"南极生辉"

仪门 即礼仪之门，常见于古代时期，是指"衙门"或"官邸"辕门内具有"威仪"点缀的正门。也指普通民居房屋的正门。另外，有的旁门也借称"仪门"。有的后门也可以称为"仪门"。是明清官署、邸宅大门内的第二重正门。

■ 牟氏庄园"宝善堂"

蝙蝠 由于蝙蝠的"蝠"字与福气的"福"字谐音,因此在中华文化中,蝙蝠是幸福、福气的象征,蝙蝠的造型也经常出现在很多中华传统图案中,如"五福捧寿"就是五个艺术化的蝙蝠造型围绕着一个寿字图案。

■ 牟氏庄园题词

等。在此房间内,还有一副当年朝廷发给牟振夫妻的封诰令。

清末,国库亏空,清廷提倡富人花钱捐官。牟墨林的子孙们为了提高社会地位,多数人都投入当中。牟宗朴是这些捐官人中捐的品级最高的一位,捐官之后,牟宗朴在一些场合身着一品官服,乘轿外出时,打13棒锣,甚是风光。

除牟宗朴外,牟家捐官的还有牟墨林的二子、三子、四子、五孙、六孙等。

此外,在宝善堂的大厅桌上,还有一套组合餐具,叫作"九子碗",做成蝙蝠的形状,摆放成铜钱造型,上面还绘有鱼的图案,取意福禄有余。茶碗四周描绘的是惟妙惟肖的"百子图",表现出主人对多子多福的期盼。

这些瓷器多为同治年间制造,上面绘有龙的图案,非常漂亮。

在寿堂的后面,是"宝善堂"的寝楼,这是牟振和他的二儿子牟宗朴居住的地方,寝楼也称喜堂。

除此之外,宝善堂东边的围墙也非常特殊,墙面用五色杂石砌成,色彩斑斓,人称"虎皮墙"。

据说，当年庄园主人钟情自然，差使大批工匠，沿远近河道精选各类杂石，按主人的创意和花匠的设计，利用石头的自然形状和色泽，调动"写实""写意"手法，创作了这幅古朴隽秀的图画长卷。

在此墙上，还有许多精美的图案，比如"制钱莲花图""莲生贵子图""花好月圆图"和"大吉大利图"等，这是我国建筑艺术中不可多得的精品。

■ 庄园中的胡同

牟墨林的三儿子牟擢所建的"西忠来"位于老宅的东边。

牟氏庄园特别强调门面的装饰，因为大门是最直接表现等级的形式。牟擢为了显示崇孝自己的祖辈，把"西忠来"建为7进院落，并精心设计出权贵显赫的官宅大门。

此大门高5米，阔3.26米，门槛高80厘米。大门上方的4只门簪分别雕刻了琴、棋、书、画4幅图案，以示书香门第。

大门上还有一副非常简单的对联，写道：

耕读世业；

勤俭家风。

制钱莲花图 是一幅由制钱和莲花组成的图形，上方是一朵盛开的莲花，花朵端庄，花瓣均匀，形象逼真；下方用13块规则石料组成了4枚大小均等、上下差叠的制钱，整个图形左右对称，结构严谨。

■ 庄园一角

抱鼓石 又称门
鼓、石鼓、螺鼓
石，门枕石的一
种，是放置于寺
庙、住宅等建筑
的门槛两旁之圆
形石雕，可以稳
固门面。鼓面常
刻有螺旋纹，故
又称为螺鼓石。
传说有坏人进入
庙中，门鼓即会
嘎嘎作响。鼓面
也刻龙凤、花鸟
等纹路。

此对联道出了牟氏家族治家处世的理念。耕为固本，读为取仕，勤劳节俭，蔚成风气，只有这样，才能秉承世业，永不衰败。

同时，此门还是所有院落中比较庄重的一个，属于七级踏跺。在大门的两侧还有一对珍贵的抱鼓石，它是主人于1908年聘用4名匠师历时3年雕琢而成的。

抱鼓石的石料取于城东唐山，为玄武岩。鼓体高1.5米，直径0.7米，鼓体与鼓托连成一体，体身上浮雕着"福禄寿喜""麒麟呈祥""姜太公钓鱼"与"刘海戏金蟾"等浮雕图案，虽经100多年的风吹雨蚀，但依然惟妙惟肖，栩栩如生。

大门左右临街的一面墙上，砌有人工水磨錾墙石，石面光如镜，石缝细如线，平均每块石头造价为一斗谷子，共有446块。

并且，在临院的另一面，还砌有386块六边形錾墙石，任取其中一块，均可与周围石块组成六边形花卉图，总体上组成一个百花相连的连续图案。

在大门正北有面积约20平方米的石毯，由红、青、黄、紫、黑等七彩石组成，长6米，宽3米，由569块石头拼成，由9幅图案组成。

它的四角均有一蝙蝠图案，中间是三枚石钱相连，均系变质岩凿磨拼对而成，空间是暗黑色的河流卵石，正中一枚石钱的方孔内四角上各刻有一个繁体写的"寿"字，寓意是踏福踩钱，健康长寿。

在石毯北面是二进房，作账房使用。正账先生、外线账先生、坐堂先生和跑腿小先生在这里处理账务，他们属于上等雇工，整个家族的经济往来、土地典买、租地抽地、拨差收租、放粮放债以至操办红白喜事，都由他们按照地主的意图在账房办理。

西忠来内的体恕斋是牟家进行家族议事、教育子女的场所。"体恕"的意思是体谅和宽恕，而这也表明了牟氏家族一贯宽厚待人的生活态度。

牟氏庄园中的水井

■ 牟氏庄园题词

《朱子家训》是"经典诵读口袋书"的一种，又名《朱子治家格言》《朱柏庐治家格言》，是以家庭道德为主的启蒙教材。此训仅522个字，精辟地阐明了修身治家之道是一篇家教名著。其中，许多内容继承了我国传统文化的优秀特点，比如尊敬师长、勤俭持家、邻里和睦等。

早期的牟氏家族非常认同《朱子家训》。要求后代必须熟练背诵全文，并严格遵守。

为此，在体恕斋的正厅中，悬挂着《朱伯庐家训》，这是由牟氏第十五代人，有"南何北牟"之称的书法家牟所书写的。在此大厅内，还有两副寓意深刻的对联，一副为：

霜露兴思远；

箕裘继世长。

另一副为：

华祝寿三多多福多寿多男子；

堂开师百忍忍垢忍气忍性情。

前者表达了牟氏后人对祖先的崇敬，后者体现了牟家人教育后代要以"忍"字为上的处世哲学。

在大厅内，还摆放着一些蒲团和板凳，这是为了惩罚牟家不思进取、学业无成的子孙的工具。

西忠来内另一著名建筑便是小姐楼，它位于体恕斋的后面，建于清光绪年间，是作为牟擢的长子牟宗夔的起居室，后来，由于牟宗夔的重孙女们曾在这里居住，所以人们称它"小姐楼"。

在小姐楼的西边，是一栋一面坡的二层小楼，这里是牟擢后人的私塾，牟家子弟在这里读书习文，接受教育。

楼基的下面，是一处地下室，这里是储藏蔬菜和鱼肉的地方，具有冷藏保鲜作用。

由四儿子牟探所建的南忠来，位于宝善堂的西南角。

牟墨林的儿子们没分家时都能和睦相处，分居后，依然关系融洽，在他们的努力下，继续将牟氏庄园发扬光大。

蒲团 是以蒲草编织而呈圆形的扁平坐具。又称圆座。乃僧人坐禅及跪拜时所用之物。其后亦有以绫锦包成者。种类颇多，厚者称厚圆座，菅草编成者称菅圆座，又有中央开洞而呈环状者。有时，在没有蒲的地方，也有用稻草编的，名字也叫蒲团。在北方，也有用玉米棒子皮来编制的，称蒲墩。

阅读链接

牟墨林绰号"牟二黑子"，对于这个绰号的来历，以前的说法是因为他的心肠黑，其实是错误的。据清版《栖霞县志》中记载，说牟墨林"善务农""善用其财""无悭吝心"等，还有一些具体事。

一是说道光十六年，栖霞大灾，牟墨林开仓赈灾，灾民们蜂拥而至，家人劝牟墨林说："照这样赈济下去，你粮食再多也会不够用的，就到此为止吧！"

牟墨林却说："救人一命胜造七级浮屠，但凡能多救一个是一个。"

二是说，栖霞县令方传植准备建造"霞山书院"，在社会上筹集经费，当时牟墨林就头一个响应"出制钱五百千"，在他的带动下，大家纷纷响应，不到一个月的时间就完成了筹款计划。

牟家后人扩建园内其他院落

牟氏庄园拱门

清光绪年间，牟氏家族人丁剧增，4个大院落远不能满足牟家人的居住，于是，牟墨林的6个孙子便各立门户，在面积达2万平方米的庄园范围内，大兴土木，互竞豪华，营建成了后来的"东忠来"和"师古堂"等建筑。

这些建筑群建成后，牟氏庄园便形成了一个坐北朝南，东西长158米，南北宽148米，院墙长达

800余米，以清代古建筑群为主的，我国最大、保存最完整的庄园。

整个庄园的建筑，是按照我国古代建筑规制布局的。此建筑集中体现了我国古代社会封闭型的特点，反映了父严子孝、男尊女卑的等级关系。

老爷居住楼阁，大厅供奉祖先，平房用于妻妾，裙房用于用人。账房、碾磨房、棺寿房和酿酒房多安排在裙厢，造成了内庭等级森严的特有气氛。

纵观重重四合院相叠，横看条条通道相间，层次清晰，主次分明。除拥有三组六院480间厅堂楼房外，周围还有附属房屋11处331间和佃户住房437间。

这三组六院分别是东组3院、西南组2院、西北组1院。东组3院是"日新堂""西忠来""东忠来"，三院并排，东西宽65.2米，南北长98.2米。

"东忠来"居东，为四孙牟宗彝所居；"日新堂"居西，为长孙

牟氏庄园雕塑

牟宗植所居；"西忠来"居中，为三孙牟宗夔所居。

西南组2院是"南忠来"和"师古堂"东西并列，东西宽55.2米、南北长59.2米。"南忠来"居西，为五孙牟宗榘所居；"师古堂"居东，为六孙牟宗梅所居。

西北组1院是"宝善堂"，独成一组，占地为东西宽37.2米，南北长64米，为孙子牟宗朴所居。

其中，"东忠来"为六进院落布局，共有房屋87间。由南向北，依次为南群房、平房、客厅、大楼、小楼和北群房、东群厢。整座院落是牟氏庄园中的晚期建筑，也是比较有代表性的一组建筑。

这座院落的錾墙石均由水磨对缝。用料非常考究，做工非常精细，堪称一绝。

据考证，牟氏庄园的石砌墙是我国传统建筑中最好的。两块石头之间没有任何黏合剂，打磨不平的地方用铜钱作垫。

据说，当年庄园主人发给工匠一定数量的铜钱，磨不平石墙就把铜钱垫上，如果磨平了，铜钱就归自己所有。所以，工匠们为了留下铜钱，就将錾墙磨得非常平整。

同时，牟氏庄园的青砖、灰瓦皆由豆汁浸泡，可以防风化，不褪色。因而整个庄园虽然历经百年风雨侵蚀，依然保持了原有的古朴风貌。

东忠来的主体建筑客厅，是牟宗彝宴客、议事的场所。在客厅的大门上，有副楹联：

庭有余香榭草郑兰燕桂树；
室无长物唐诗晋字汉文章。

此对联非常自豪地告诉大家，这院子里种植的是绘画名家手下的名贵花木，家里收藏的是唐诗晋字等稀世墨宝。

客厅内部陈列分为三部分：东一间是主人牟宗彝看书、写字和帮人撰写诉状的地方；西一间是供客人临时休息的地方；中间是主人宴客的地方。

唐诗 泛指创作于唐代的诗。唐诗是汉民族最珍贵的文化遗产，是汉文化宝库中的一颗明珠，同时也对周边民族和国家的文化发展产生了很大影响。唐代大部分唐诗都收录在《全唐诗》中，自唐朝开始，有关唐诗的选本不断涌现，而流传最广的当属蘅塘退士编选的《唐诗三百首》。

■ 牟氏庄园庭院

■ 牟氏庄园戏楼

檩条 建筑名词。是横放在房顶上用于再在上面铺设屋顶瓦的承重骨架。沿屋顶长度分布的水平部件，位于主椽上，支撑次要屋椽。古民宅用来挑起椽子，做成屋顶的横木，是房子的主要构件之一，也叫桁子或北方方言船儿。檩条有主檩和次檩之分。

整座大厅的建筑用料非常讲究，主梁都是采用直径80厘米以上的圆木，檩条规格一致，排列均匀，给人以高大宽阔、坚固挺拔之感。房屋内部房坡采用方砖做笆，方砖上面铺有一层柞木炭，这样既能吸水防潮，又能减轻屋面的重量。

中堂上方挂有一块彩匾，上面写着："犹望公安"，这是告诫后人，记住他们的祖籍是湖北省公安县，后世人要永怀故土，铭记公安。

在此匾额下，有一幅画像，上面画的是牟氏第十世祖、牟墨林的高祖父牟国珑。

在画像下面，还有一份诏令，是清廷敕赠牟国珑父母，赠其父为文林郎，其母为孺人。

在中堂的东边墙上，还有一幅诏令是清廷敕赠给牟昌裕祖父祖母的。牟昌裕是牟墨林的本族兄长，进士出身，曾任清朝江南道、河道道、云南道的监察御史、九省军门总漕部堂。

牟昌裕任职期间，敢向朝廷说真话，讲实情，曾建议朝廷取消不许关东地区向外卖粮的禁令，还废止了一些不合时宜的法律条文。他的陈奏往往切中时弊，史书上说他"能言别人所不能言"。

为此，乾隆和嘉庆两朝都很重用他，让他在全国各地稳稳当当地做官，一直到62岁病死在官位上。《山东通志》和《山东历史人物》都将他列为名臣。

这幅诏令在形式与牟国珑的那幅有很大的差别，是由五种颜色组成的，用于五品以上官员，称"五彩"。而牟国珑的那幅用于级别较低的官员，通体只有一种颜色，称"素面"。

在这座客厅后面，是东忠来的四进院落牟宗彝住宅大楼。此院落是牟宗彝投入了千亩土地的卖金，选用大连洋式楼房样，聘用莱阳县瓦工名师、黄县著名

监察御史 我国古代官名。582年改检校御史为监察御史，始设。唐御史台分为三院，监察御史属察院，品秩不高而权限广。宋元明清因之。明清废御史台设都察院，通常弹劾与建言，设都御史、副都御史、监察御史。监察御史分道负责，因而分别冠以某某道地名。

民间小故宫

牟氏庄园

■ 牟氏庄园卧室

■ 牟氏庄园量具

的木工师傅，历时3年建成。

大楼檐枋涂有紫红色油漆，配以白绿相间彩绘斗拱，暖中透冷的色调被檐下阴影相衬，恰到好处地表现出房檐的深度，给人以威严感。

屋脊上分别建有想象中的辟邪神兽，形态各异，以资震慑。大楼怀抱东西厢，正门与屏门相望。屏门，左右连接垣墙，构成典型的四合院。屏门位于厅后楼前，精雕细刻，油漆彩绘，与客厅大楼前后呼应，气势庄严。

在大楼下层，是牟宗彝的起居室，用于陪妻妾进餐、就寝、检点账目和教育子女。上层是他的专用书房，用于读书看报、拟写诉状、养神休憩，同时，上层也是他仿古崇古、精神享乐的地方。

昔日他曾在上层藏有十几箱古书和大量名人字画。珍品虽多已失散，但也有保留下的部分书籍和牟氏家族的书画以及名人的墨迹。

由于此大楼后来多住着牟家的儿子，所以此大楼又被称为"少爷楼"。在东忠来院落，除了客厅和少爷楼，旁边的厢房还有碾磨房、农具展和粮仓账房等。

除此之外，牟氏庄园不仅有精美的布局，而且还有庄园建筑三大怪，这里所说的"三大怪"，是牟氏庄园修建时出现的与众不同的景象，建筑风格的怪异之处更是耐人寻味，一直被人们所追寻和探索。

首先是"穿堂门儿一线开"。在每个大院的客厅、堂屋都有前后门，而且全都建在一条线上，这便突破了栖霞地区"房门不得前后开"的风水学上的老规矩。

其次是"烧炕火洞在室外"。牟氏庄园在建寝室的同时，在窗外墙角下的适当位置留一个方形的石砌

炕 又称火炕，或称大炕，是北方居室中常见的一种取暖设备。古时满族人也把它引入了皇宫内。盛京皇宫内多设火炕，而且一室内设几铺，这样既解决了坐卧起居问题，又可以通过如此多的炕面散发热量，保持室内较高的温度。东北人住火炕的历史，至少有千年以上。

民间小故宫

牟氏庄园

■ 牟氏庄园粮仓

炕洞口，让用人在室外按时烧炕取暖。

这一独特的取暖设计方式，在北方民居中实属罕见。不过这样的结构可以有效避免室内烧炕容易发生的煤气中毒的情况。

最后是"烟囱立在山墙外"。在我国南北方的房舍建筑，无论是平房还是楼房，其烟囱的位置一般都设计在屋脊檐坡上。

然而，牟氏庄园却将庄内的近百个烟囱竖立在山墙外面，顶端有遮雨帽，远看宛如托在云雾中的一座小塔，小巧玲珑，别具一格。

这种设计的作用是天冷取暖烧火炕，木柴燃烧散发热量不大，为充分利用热，把烟囱安在山墙边，是为了延长烟火的走向，让柴或草的热度保留于炕内，可以让房屋的保暖性能更好一些。

由此可见，牟氏庄园的整个建筑和布局，以其恢宏的规模、深沉的内涵，被诸多专家学者评价为"百年庄园之活化石""传统建筑之瑰宝""六百年旺气之所在"。

阅读链接

牟氏庄园建筑既有北方的古朴粗犷，又有南方的细腻幽雅。它对于现代建筑如何独具风采，具有很好的借鉴和启迪作用。

1988年，修葺一新的牟氏庄园经国务院批准，被列为全国重点文物保护单位。从此，庄园全面对外开放。

1996年夏，香港《戏说乾隆》剧组专程来此，以庄园为外景，拍摄了乾隆皇帝在故宫主持朝政及生活起居的镜头。

牟氏庄园以其恢宏的规模，深沉的内涵，被诸多专家学者称为"百年庄园之活化石""传统建筑之瑰宝""六百年旺气之所在"。

石家大院是清末天津"八大家"之一的"尊美堂"石府宅第。石氏家族久居杨柳青，历时200多年。

从清中叶至20世纪初，其财势号称津西首富，从石万程开始发家到石元仕一代，为石家鼎盛时期。

整个大院从寝室、客厅、花厅、戏楼、佛堂到马厩，无论是通体格局、建筑风格、还是艺术装饰，都反映了丰厚的文化遗存和当时的民俗民风。

华北第一宅

石家大院

石家后人共建石家大院

石氏先人从山东来到天津一带操船营运，他们的生意越做越大。到1785年，石家的后代石衷一正式落户于天津的杨柳青镇。

随后，石衷一的儿子石万程出生。石万程从小非常聪明，长大后更是善于经营船业生意，随着石家的生意越来越大，他们家赚的钱也

石家大院正门

■ 石家大院庭院

就越来越多。

后来，到石万程之子石献廷出生后，石家已经成为了当地的望族。据说，当时的石家已有良田千余顷，房子500余间，当铺13处，加上其他财产约值白银300余万两，并且石氏又有"兄弟联登"武举，其中一人考中武进士，被兵部授予官职。

石献廷在其发家期间，还生有4个儿子，并把石家财产分给这4个儿子，于是在1827年，石献廷的儿子们遵照他的遗嘱，分家另过，各立堂名。

因老大石宝福早夭，老二石宝善立长门"福善堂"，老三石宝庆立二门"正廉堂"，老四石宝苓立三门"天锡堂"，老五石宝珩立四门"尊美堂"。

福善堂、正廉堂以及天锡堂的后世子弟，由于经营不善，到清末，三门的家道先后中落。

而老五石宝珩却因治家有道而财丁兴旺，在此阶

武进士 是我国古代在文科举之外另外一种选拔武官考试的出身制度。武进士殿试经钦定御批，分为三甲：第一甲赐武进士及第，第一名为武状元，第二名为武榜眼，第三名为武探花，第二甲赐武进士出身，第三甲赐同武进士出身。

■ 石家大院门厅

段，石宝珩之子石元仕出生。

1861年，石元仕科考中举，官拜工部郎中，但以父老弟幼为名未曾到任，反而致力于家业经营。

当时，石宝珩家光是土地就有700万平方米，地跨静海、武清、文安、霸县、安次、固安等县。另外，还有当铺6处，银号、绸布棉纱庄、酱园、杂货姜厂、煤炭厂等多处工商、金融字号。

石元仕当家后，不仅注重家产积累，更善于扩大政治势力。石元仕努力结交权贵，子女多与天津官绅、豪门结姻，他自己的夫人，即是两广总督张之洞的族侄女。因此，在当地有民谣说：

杨柳青煞气腾腾，无有金銮殿，有瓦屋几层；无有真龙天子；有石元仁应涿；无有保驾的人，有保甲局服从。

由此可见，石元仕在当地是非常有声望的。

在石元仕发家致富的同时，他还将父亲的尊美堂不断扩建，成为津西第一家宅院，世人俗称"石家大院"。

石家大院大规模建筑始于光绪初年，历经十几年才建成，占地约7000平方米。整个大院被一条60米长的中轴线分开，此中轴线便是一个甬道。甬道的两侧共有四合套式12个院落，所有院落都是正偏布局，四合套成，院中有院，院中跨院，院中套院。

堂院坐北朝南，由大小四进院落组成。东院是三套四合院，为长辈及各房子孙居所；西院建客厅、戏楼和佛堂，是会客、娱乐、祭祀之所。

大院建筑用料考究，做工精细，砖雕木刻形式多样，常用"福寿双全""岁寒三友""莲荷""万福""连珠"等喜庆吉祥图案。

从寝室、客厅、花厅、戏楼、佛堂到马厩，都反映了清末的文化遗存和当时的民俗民风，是一处有"华北第一宅"之称的晚清民居建筑群。

阅读链接

天津杨柳青不仅是闻名世界的年画发祥地，也是天津"八大家"之一石家大院的所在地。据说早在百年前天津就流传：韩、高、石、刘、穆、黄、杨、益照临。

明清时期天津海运兴旺，粮米盐业的发展使得早先祖辈从事漕运的船工们先后发展起来。石家就是一例，祖辈贩运粮棉，利润丰厚，置房买地，号称杨柳青首富的石家当时已有万亩良田了，又叫"石万千"。

当时，石家拥有大片土地、银庄、当铺、布庄、酱菜园等，还在镇中街心建起几万平方米有数百间房屋的建筑群。

以中甬道为中心的建筑

  石家大院是清末天津"八大家"之一的"尊美堂"石府宅第。从北门估衣街到前门河沿街，长100米，宽70米，占地约6000平方米，其中建筑面积约2000多平方米，房屋278间，是我国迄今保存最好、规模最大的晚清民宅建筑群。

石家大院中的巷道

从估衣街进石家大院北门，最先看见的是一条长长的甬道，这是整个大院的中轴线。甬路上有形式各异、建筑精美的5座门楼。

从南向北，门楼逐渐升高，寓意为"步步高升"，而每道院门都是3级台阶，寓意为"连升三级"。

这几座门楼中，有一座石家大院保存最为完好的中式门楼。这座门楼上有一组雕刻精美的砖雕。

最上面第一组的图案叫宝象花，源于佛教，是荷花、菊花、牡丹花合为一体的想象图案；第二组砖雕刻的是两个如意，如意下是两个柿子，取谐音事事如意；第三组图案为五只蝙蝠的图案，蝙蝠寓意幸福，中间是一个寿字，叫五福捧寿，寓意为五福降临，长寿为本。

石家大院是一座中式建筑群，但这个门楼却是西式的旋子门，上面还有旗子。据说，这座门楼是石家出国留学的后代修建的。在门楼后的甬道东西两边各有五进院落。

东院为内宅，有内账房、候客室、书房、鸳鸯厅、内眷住房等，西边的院落为接待贵宾的大客厅、暖厅、大戏楼、祠堂等，现已基本

■ 石家大院家具

汉白玉 是一种名贵的建筑材料，它洁白无瑕，质地坚实而又细腻，非常容易雕刻，古往今来的名贵建筑多采用它做原料。据传，我国从汉代起就用这种宛若美玉的材料修筑宫殿，装饰庙宇，雕刻佛像，点缀堂室。因为是从汉代开始用这种洁白无瑕的美玉来做建筑材料的，人们就顺口说成了汉白玉。

恢复了原有陈设。与内宅相比，这里建筑用材更为考究。大客厅院内有高近5米的大天棚，可挡风避雨，当年从镇外很远就能看到。

西院的西边还有三进院落，是私塾先生教书及其他的专用房。

在甬道两侧，并排5道门，10个四合院。在四合院的四周还有用人住的配房，南头西拐角有月亮门和影壁，直对河沿大街。

甬道西侧是五进四合院，从北向南第一院是北客厅及佛堂，往南是大垂花门，木刻石雕最为精美。平时此门不开，只有达官显贵才走此门，一般人只走两侧小门。此院有汉白玉条槽卧狮形大山石一对。

第二院是串廊院，南面是鸳鸯大过厅。第三院是有石家大院的三绝之一戏楼及南客厅。

其中，石家的戏楼是北方民宅中最大的戏楼，楼内大部分为木质结构，顶部由铅皮封顶，用铜钉钉成一个长长的篆体寿字，取"长寿"之意。

戏楼横梁下悬双雕宫灯，12根通天柱，上圆下方，取天圆地方之说。在立柱上方还悬有一圈回廊，称"走马廊"，是当年石府家丁护院警卫时所站之处。戏楼内共设120个座位，前坐男，后坐女，中间用屏风隔开，所谓的"男人看戏，女人听戏"就是这样。

据说，著名的京剧表演艺术家余舒岩、孙菊仙、龚云甫都在此唱过堂会。整座戏楼融南北建筑风格为一体，主要的特点是冬暖夏凉，音质好。

戏楼的墙壁是磨砖对缝建成，严密无缝隙，设有穿墙烟道，由花厅外地炉口入炭200斤燃烧一昼夜，冬日虽寒风凛冽，楼内却温暖如春。

到了夏天，戏楼内地炉空气流通，方砖青石坚硬清凉，东西两侧开有侧门使空气形成对流，空间又高，窗户设计的阳光不直射却分外透亮，使人感到十分凉爽。

戏楼建筑用砖均是当地三座马蹄窑指定专人特殊烧制。经专用工具打磨以后干摆叠砌，用元宵面打了糯糊白灰膏粘合，墙成一体。

加上北高南低，回声不撞，北面隔扇门能放音，拢音效果极佳，偌大戏楼不用扩音器，不仅在角落听得清楚，即使在院内也听得明白无误。因此，石府戏楼堪称"民间一绝"。

第四院南面是专门接待贵宾的花厅。在花厅的门前，有石家的第一宝——一块"尊美堂"的匾额，它是光绪皇帝的老师翁同龢所写。客厅正中还有一尊玉石雕像，所刻

宫灯 顾名思义是皇宫中用的灯，主要是些以细木为骨架镶以绢纱和玻璃，并在外绘以各种图案的彩绘灯，又称宫廷花灯。是我国彩灯中富有特色的手工艺品之一。它因雍容华贵、充满宫廷气派而闻名于世。由于长期为宫廷所用，所以除去照明外，还要配上精细复杂的装饰，以显示帝王的富贵和奢华。

■ 石家大院私塾

■ 石家大院客厅

磨砖对缝 我国古建筑中的一种高级建筑工艺，即将毛砖砍磨成边直角正的长方形等。砌筑成墙时，砖与砖之间干摆灌浆，墙面不挂灰、不涂红，整个墙面光滑平整，严丝合缝。它的特点便是以木结构支撑达到"墙倒屋不塌"的效果。

的是白菜和两只狗，取"人财两旺"之意。

客厅中，隔断上的八扇屏是石家的第二宝。它表现的是四季花鸟，雕工非常精细，从玻璃两侧看这个八扇屏，所看到的图案完全一致，看似8扇，实则16面。当年，没有玻璃的时候，中间夹的是一层纱，起到"只听其声，不见其人"的作用。

这间花厅还有一个非常特别的取暖设施，就是地炉。在我国清代，只有皇宫才有地炉，而这一设施也是石家从皇宫里学来的。

房屋底下是纵横交错的烟道，将地面方砖架在梅花垛上，然后在地炉灶口，入燃烧的碳，使热气顺烟道穿过，烧热地面，而后再通过暗藏的烟道排出屋外。在整个石家，只有花厅和戏楼才有这种地暖。

花厅正对着的是书房，是主人吟诗作对，读书绘画的地方，反映了石家"学而优则仕"的期盼。

北面大厅则是陈设古玩字画的地方。

第五院是南书房，当时自设私塾，存书满屋。东边甬道有厨房、下房、车棚、马厩及护院男女用人住所。

石家大院全部建筑用料讲究，做工精细。磨砖对缝，画栋雕梁，花棂隔扇，漆朱涂彩。在前檐与山墙交界处，从山墙向院墙伸出条状青石一块，异于别家，意为"石"家高升。

此外，石家大院的佛堂也别具一格。石家佛堂正中供奉的是观音菩萨，屋里上方供有关公像，下方福、禄、寿三星像。

整个佛堂为典型的抬梁式框架结构，四梁八柱。这种民宅结构非常坚固，也就是人们常说的墙倒房不塌。

石家大院共有3道垂花门，因为其垂柱根据荷花的3个花期雕刻成3种不同形态的图案，所以分别取名为："含苞待放""花蕊吐絮""籽满蓬莲"。

第一道垂花门"含苞待放"，是3座垂花门中最讲究的一座。它的

石家大院石雕

中间有两块抱鼓石，抱鼓石外侧是象首，即"吉祥"，里侧是鹤鹿回春。垂花门木格上有四季花图案，象征走过此门，四季平安。

据说，在当年修建此门时，仅石料就用了白银500两，两位石匠精雕细刻一年之久才完工。

第二道垂花门："花蕊吐絮"。此门楼上方的木格中是木雕仙鹤，一共是9只，相传一只仙鹤增12岁，9只就是增寿108岁。仙鹤背面雕的是古代铜钱，所以从此门过就代表着"又增寿又有钱"。

第二道垂花门后面就是第三道垂花门："籽满蓬莲"。它的门楼上方及垂柱两边有木雕葫芦爬蔓图案，取名葫芦万代，象征子孙万代繁衍不断。

这三道垂花门分别象征着主人一生3个美好的愿望：一年四季保平安；一代长寿又有钱；子孙辈辈永绵长。

总之，石家大院的建筑典雅华贵，砖木石雕精美细腻，室内陈设民情浓厚，素有"津西第一宅"之称。

阅读链接

石家大院主人石元仕70岁生日时，石府接朋引客，大摆寿筵，极尽奢华。不料在第二年，石元仕即背生溃疽，体弱已极，很快故去。

石元仕去世后，其家人即离开尊美堂老宅，全部迁往天津定居。后石元仕夫人去世。因其娘家势力不凡，丧事必得大办，致使家业更加一蹶不振，只好负债度日。至新中国成立前夕，尊美堂的大部分住宅已变卖他人。

1987年，西青区人民政府将"尊美堂"宅第列为区级文物，加以保护，并拨资修复。在天津市有关单位的支持和工程技术人员的共同努力下，历时6年，终于完成修复工作。

1992年，石家大院作为"杨柳青博物馆"对外开放，属天津市级文物保护单位。

中华精神家园书系

古迹奇观

玉宇琼楼：分布全国的古建筑群
城楼古景：雄伟壮丽的古代城楼
历史开关：千年古城墙与古城门
长城纵览：古代浩大的防御工程
长城关隘：万里长城的著名关卡
雄关漫道：北方的著名古代关隘
千古要塞：南方的著名古代关隘
桥的国度：穿越古今的著名桥梁
古桥天姿：千姿百态的古桥艺术
水利古貌：古代水利工程与遗迹

山水灵性

母亲之河：黄河文明与历史渊源
中华巨龙：长江文明与历史渊源
江河之美：著名江河的文化源流
水韵雅趣：湖泊泉瀑与历史文化
东岳西岳：泰山华山与历史文化
五岳名山：恒山衡山嵩山的文化
三山美名：三山美景与历史文化
佛教名山：佛教名山的文化流芳
道教名山：道教名山的文化流芳
天下奇山：名山奇迹与文化内涵

自然遗产

天地厚礼：中国的世界自然遗产
地理恩赐：地质蕴含之美与价值
绝美景色：国家综合自然风景区
地质奇观：国家自然地质风景区
无限美景：国家自然山水风景区
自然名胜：国家自然名胜风景区
天然生态：国家综合自然保护区
动物乐园：国家动物自然保护区
植物王国：国家保护的野生植物
森林景观：国家森林公园大博览

西部沃土

古朴秦川：三秦文化特色与形态
龙兴之地：汉水文化特色与形态
塞外江南：陇右文化特色与形态
人类敦煌：敦煌文化特色与形态
巴山风情：巴渝文化特色与形态
天府之国：蜀文化的特色与形态
黔风贵韵：黔贵文化特色与形态
七彩云南：滇云文化特色与形态
八桂山水：八桂文化特色与形态
草原牧歌：草原文化特色与形态

东部风情

燕赵悲歌：燕赵文化特色与形态
齐鲁儒风：齐鲁文化特色与形态
吴越人家：吴越文化特色与形态
两淮之风：两淮文化特色与形态
八闽魅力：福建文化特色与形态
客家风采：客家文化特色与形态
岭南灵秀：岭南文化特色与形态
潮汕之根：潮州文化特色与形态
滨海风光：琼州文化特色与形态
宝岛台湾：台湾文化特色与形态

中部之魂

三晋大地：三晋文化特色与形态
华夏之中：中原文化特色与形态
陈楚风韵：陈楚文化特色与形态
地方显学：徽州文化特色与形态
形胜之区：江西文化特色与形态
淳朴湖湘：湖湘文化特色与形态
神秘湘西：湘西文化特色与形态
瑰丽楚地：荆楚文化特色与形态
秦淮画卷：秦淮文化特色与形态
冰雪关东：关东文化特色与形态

节庆习俗

普天同庆：春节习俗与文化内涵
张灯结彩：元宵习俗与彩灯文化
寄托哀思：清明祭祀与寒食习俗
粽情端午：端午节与赛龙舟习俗
浪漫佳期：七夕节俗与妇女乞巧
花好月圆：中秋节俗与赏月之风
九九踏秋：重阳节俗与登高赏菊
千秋佳节：传统节日与文化内涵
民族盛典：少数民族节日与内涵
百姓聚欢：庙会活动与赶集习俗

民风根源

血缘脉系：家族家谱与家庭文化
万姓之根：姓氏与名字号及称谓
生之由来：生肖生肖与寿诞礼俗
婚事礼俗：嫁娶礼俗与结婚喜庆
人生遵俗：人生处世与礼俗文化
幸福美满：福禄寿喜与五福临门
礼仪之邦：古代礼制与礼仪文化
祭祀庆典：传统祭典与祭祀礼俗
山水相依：依山傍水的居住文化

衣食天下

衣冠楚楚：服装艺术与文化内涵
凤冠霞帔：佩饰艺术与文化内涵
丝绸锦缎：古代纺织精品与布艺
绣美中华：刺绣文化与四大名绣
以食为天：饮食历史与筷子文化
美食中国：八大菜系与文化内涵
中国酒道：酒历史酒文化的特色
酒香千年：酿酒遗址与传统名酒
茶道风雅：茶历史茶文化的特色

国风美术

丹青史话：绘画历史演变与内涵
国画风采：绘画方法体系与类别
独特画派：著名绘画流派与特色
国画瑰宝：传世名画的绝色魅力
国风长卷：传世名画的大美风采
艺术之根：民间剪纸与民间年画
影视鼻祖：民间皮影戏与木偶戏
国粹书法：书法历史与艺术内涵
翰墨飘香：著名书法名作与艺术
行书天下：著名行书精品与艺术

汉语之魂

汉语源流：汉字汉语与文章体类
文学经典：文学评论与作品选集
古老哲学：哲学流派与经典著作
史册汗青：历史典籍与文化内涵
统御之道：政论专著与文化内涵
兵家韬略：兵法谋略与文化内涵
文苑集成：古代文献与经典专著
经传宝典：古代经传与文化内涵
曲苑音坛：曲艺说唱项目与艺术
曲艺奇葩：曲艺伴奏项目与艺术

博大文学

神话魅力：神话传说与文化内涵
民间相传：民间传说与文化内涵
英雄赞歌：四大英雄史诗与内涵
灿烂散文：散文历史与艺术特色
诗的国度：诗的历史与艺术特色
词苑漫步：词的历史与艺术特色
散曲奇葩：散曲历史与艺术特色
小说源流：小说历史与艺术特色
小说经典：著名古典小说的魅力

歌舞共娱
古乐流芳： 古代音乐历史与文化
钧天广乐： 古代十大名曲与内涵
八音古乐： 古代乐器与演奏艺术
鸾歌凤舞： 古代大曲历史与艺术
妙舞长空： 舞蹈历史与文化内涵
体育古项： 体育运动与古老项目
民俗娱乐： 民俗运动与古老项目
刀光剑影： 器械武术种类与文化
快乐游艺： 古老游艺与文化内涵
开心棋牌： 棋牌文化与古老项目

戏苑杂谈
梨园春秋： 中国戏曲历史与文化
古戏经典： 四大古典悲剧与喜剧
关东曲苑： 东北戏曲种类与艺术
京津大戏： 北京与天津戏曲艺术
燕赵戏苑： 河北戏曲种类与艺术
三秦戏苑： 陕西戏曲种类与艺术
齐鲁戏台： 山东戏曲种类与艺术
中原曲苑： 河南戏曲种类与艺术
江淮戏话： 安徽戏曲种类与艺术

梨园谱系
苏沪大戏： 江苏上海戏曲与艺术
钱塘戏话： 浙江戏曲种类与艺术
荆楚戏台： 湖北戏曲种类与艺术
潇湘梨园： 湖南戏曲种类与艺术
滇黔好戏： 云南贵州戏曲与艺术
八桂梨园： 广西戏曲种类与艺术
闽台戏苑： 福建戏曲种类与艺术
粤琼戏话： 广东戏曲种类与艺术
赣江好戏： 江西戏曲种类与艺术

科技回眸
创始发明： 四大发明与历史价值
科技首创： 万物探索与发明发现
天文回望： 天文历史与天文科技
万年历法： 古代历法与岁时文化
地理探究： 地学历史与地理科技
数学史鉴： 数学历史与数学成就
物理源流： 物理历史与物理科技
化学历程： 化学历史与化学科技
农学春秋： 农学历史与农业科技
生物寻古： 生物历史与生物科技

千秋教化
教育之本： 历代官学与民风教化
文武科举： 科举历史与选拔制度
教化于民： 太学文化与私塾文化
官学盛况： 国子监与学宫的教育
朗朗书院： 书院文化与教育特色
君子之学： 琴棋书画与六艺课目
启蒙经典： 家教蒙学与文化内涵
文房四宝： 纸笔墨砚及文化内涵
刻印时代： 古籍历史与文化内涵
金石之光： 篆刻艺术与印章碑石

传统美德
君子之为： 修身齐家治国平天下
刚健有为： 自强不息与勇毅力行
仁爱孝悌： 传统美德的集中体现
谦和好礼： 为人处世的美好情操
诚信知报： 质朴道德的重要表现
精忠报国： 民族精神的巨大力量
克己奉公： 强烈使命感和责任感
见利思义： 崇高人格的光辉写照
勤俭廉政： 民族的共同价值取向
笃实宽厚： 宽厚品德的生活体现

文化标记
龙凤图腾： 龙凤崇拜与舞龙舞狮
吉祥如意： 吉祥物品与文化内涵
花中四君： 梅兰竹菊与文化内涵
草木有情： 草木美誉与文化象征
雕塑之韵： 雕塑历史与艺术内涵
壁画遗韵： 古代壁画与古墓丹青
雕刻精工： 竹木骨牙角匏与工艺
百年老号： 百年企业与文化传统
特色之乡： 文化之乡与文化内涵

悠久历史
古往今来： 历代更替与王朝千秋
天下一统： 历代统一与行动韬略
太平盛世： 历代盛世与开明之治
变法图强： 历代变法与图强革新
古代外交： 历代外交与文化交流
选贤任能： 历代官制与选拔制度
法治天下： 历代法制与公正严明
古代税赋： 历代赋税与劳役制度
三农史志： 历代农业与土地制度
古代户籍： 历代区划与户籍制度

历史长河
兵器阵法： 历代军事与兵器阵法
战事演义： 历代战争与著名战役
货币历程： 历代货币与钱币形式
金融形态： 历代金融与货币流通
交通巡礼： 历代交通与水陆运输
商贸纵观： 历代商业与市场经济
印纺工业： 历代纺织与印染工艺
古老行业： 三百六十行由来发展
养殖史话： 古代畜牧与古代渔业
种植细说： 古代栽培与古代园艺

杰出人物
文韬武略： 杰出帝王与励精图治
千古忠良： 千古贤臣与爱国爱民
将帅传奇： 将帅风云与文韬武略
思想宗师： 先贤思想与智慧精华
科学鼻祖： 科学精英与求索发现
发明巨匠： 发明天工与创造英才
文坛泰斗： 文学大家与传世经典
诗神巨星： 天才诗人与妙笔华篇
画界巨擘： 绘画名家与绝代精品
艺术大家： 艺术大师与杰出之作

信仰之光
儒学根源： 儒学历史与文化内涵
文化主体： 天人合一的思想内涵
处世之道： 传统儒家的修行法宝
上善若水： 道教历史与道教文化

强健之源
中国功夫： 中华武术历史与文化
南拳北腿： 武术种类与文化内涵
少林传奇： 少林功夫历史与文化